商洛市优质农产品生产消费指南

董照锋　主编

中国农业科学技术出版社

图书在版编目（CIP）数据

商洛市优质农产品生产消费指南 / 董照锋主编 . -- 北京 : 中国农业科学技术出版社 , 2022.5

ISBN 978-7-5116-5726-8

Ⅰ . ①商… Ⅱ . ①董… Ⅲ . ①特色农业－农产品－商洛－指南 Ⅳ . ① F724.72-62

中国版本图书馆 CIP 数据核字 (2022) 第 055899 号

责任编辑 周 朋
责任校对 贾海霞
责任印制 姜义伟 王思文

出 版 者 中国农业科学技术出版社
北京市中关村南大街 12 号 邮编：100081
电 话 （010）82106631（编辑室）（010）82109702（发行部）
（010）82109709（读者服务部）
传 真 （010）82106631
网 址 http: // www.castp.cn
经 销 者 各地新华书店
印 刷 者 北京地大彩印有限公司
开 本 170mm × 240mm 1/16
印 张 13
字 数 250 千字
版 次 2022 年 5 月第 1 版 2022 年 5 月第 1 次印刷
定 价 128.00 元

《商洛市优质农产品生产消费指南》

编委会

主　　编：董照锋

技术主编：李　俊

副 主 编：曹秀荣　张　蓉

编写人员：（按姓氏笔画排序）

王亚锋　王凌云　乔怡木　任　岗　任均平

刘　欢　刘　明　刘秀芹　孙仓民　杨　乔

杨　萍　杨彩凤　李　娟　李亚青　肖卫锋

吴　甜　宋　爽　张　军　张　健　张莉娜

陈　宁　陈妙妙　陈效强　赵　宇　赵海翔

赵瑞丰　聂　淼　徐　盼　徐　艳　郭　可

郭雅俭　姬文宇　路　康　翟建红　熊潇垚

冀　妮　戴巧珍

前言

随着科学技术快速进步和社会经济的不断发展，在当前和今后一个时期我国农业农村改革和完善的主要方向是推进农业供给侧结构性改革，满足人民群众对安全优质农产品日益增长的需求。中共中央国务院《关于实施乡村振兴战略的意见》明确要求，深入推进农业绿色化、优质化、特色化、品牌化，调整优化农业生产力布局，推动农业由增产导向向提质导向转变。《国家质量兴农战略规划（2018—2022 年）》明确提出，实施农业品牌提升行动，培育一批叫得响、过得硬、有影响力的农产品区域公用品牌、企业品牌、农产品品牌，加快建立差异化竞争优势的品牌战略实施机制，构建特色鲜明、互为补充的农业品牌体系。商洛市委市政府深入贯彻落实质量兴农、绿色兴农、品牌强农战略，围绕“一都四区”建设目标，将绿色食品产业作为“3+N”产业集群的主导产业之一，大力推进全国名特优新农产品、地理标志产品、有机产品、绿色食品、特质农产品等农业品牌认证，着力提升商洛农产品品牌影响力和市场竞争力，为国家农产品质量安全市赋予了新的内涵。

为了扩大商洛优质特色农产品宣传，进一步提升影响力，扩大知名度，促进产销对接，发挥消费引领作用，满足管理、生产、消费和科普等方面的需求，商洛市科学技术协会组织有关科技工作者编撰了《商洛市优质农产品生产消费指南》。本书收录了商洛市 68 个全国名特优新农产品、18 个地理标志产品和 13 个绿色食品，主要包括食用菌、中药材、水干果、蜂产品、茶叶、蔬菜、粮油、肉、蛋及初加工品等，介绍了每个产品的主要产地、品质特征、环境优势、收获时间、推荐储藏保鲜和食用方法以及市场销售信息，并配上产品、环境及部分烹饪图片。

本书在编写过程中得到了农业农村部农产品质量安全中心、商洛市委组织部、商洛市农业农村局、商洛市农产品质量安全中心及商洛市各县区农产品质量安全工作机构和证书持有人的大力支持，在此表示衷心的感谢。由于编写组水平有限，书中难免有不妥之处，恳请读者予以指正。

商洛市科学技术协会

2021 年 12 月

第一章　全国名特优新农产品

第二章　农产品地理标志保护产品

第三章　地理标志保护产品及证明商标

第四章　绿色食品

第一章 全国名特优新农产品

◎商洛之历史，肇端于洪荒

◎帝子之封地，鄀国之旧邦

◎商人之祖籍，楚国之丹阳

◎因商山为号，以洛水得名

商州香菇

登录编号：CAQS-MTYX-20200762

一、主要产地

商洛市商州区杨峪河镇吴庄村，麻街镇齐塬村，杨斜镇林桦村、郭弯村、水平村，大荆镇西村，腰市镇双戏楼村，牧护关镇黑龙口村，板桥镇李岭村。

二、品质特征

商州香菇菌盖扁半球形稍平，龟裂，花纹棕褐色，菌肉白色，厚，细密，具有香菇特有的香味。菌褶颜色深黄色，不规则弯生，不等长。菌柄偏生，粗短，白色，弯曲菌环以下有纤毛状鳞片，纤维质，内部实心，手捏时具有明显的紧致感。

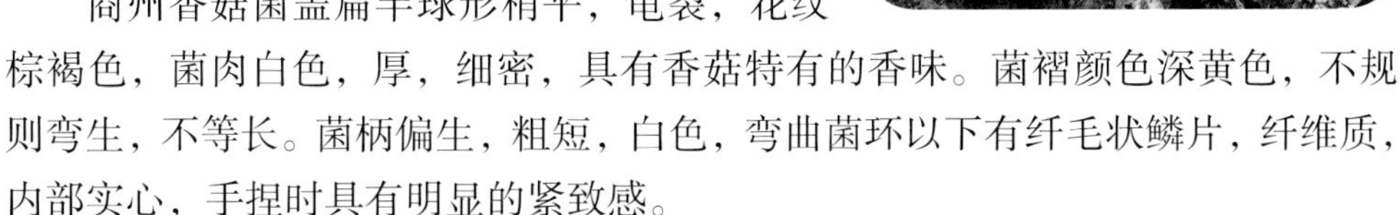

商州香菇营养丰富，具有扶正补虚，健脾开胃，祛风透疹，化痰理气、解毒、抗癌之功效。蛋白质含量为4g/100g，钙含量为6.43mg/100g，磷含量为112mg/100g，同时含有丰富的铁、铜、镁、锰、钾等人体必需营养元素及维生素 B_2、烟酸等维生素类营养物质。

三、环境优势

商州西北部有秦岭天然屏障，冷空气不易侵入，向东南开口的山川地形有利于暖温气流伸进，因而形成暖温带南缘过渡带季风性、半湿润山地气候，年均气温12.8℃，最热月为7月，平均为24.8℃；最冷月为1月，平均为0.3℃。适宜的气候条件和良好的生态环境孕育了商州香菇独特的品质。

四、收获时间

冬菇收获时间为10月至翌年4月；夏菇收获时间为6—10月。

五、推荐储藏和食用方法

【储藏方法】鲜菇以冷藏保鲜最佳，保存时间3~5天；干菇应密封存放在25℃以下阴凉、干燥处，保存时间为12个月。

【食用方法】

1. 香菇炖鸡汤　将整鸡切块，洗净备用；香菇洗净泡软、枸杞洗净备用；葱切段、姜切片备用；将鸡块放入冷水中煮沸，撇去浮沫儿，将香菇、枸杞、姜、葱段放入锅中，大火烧开，文火炖 1h；出锅前撒上葱末儿即可。

2. 酿香菇　香菇洗净去蒂，红萝卜切丁，葱切末；猪肉剁碎，加入红萝卜、葱、盐、糖，搅拌均匀；将猪肉馅酿入香菇里；然后油煎（亦可水蒸），熟后即可出锅。

六、市场销售采购信息

1. 商洛市丰鑫生态农业有限公司

联系人：杨海峰　联系电话：13038510932

2. 商洛盛泽农林科技发展有限公司

联系人：刘　磊　联系电话：15619142165

3. 商洛市福众岭农业有限责任公司

联系人：王智远　联系电话：18309163888

4. 商洛市精旭腾科技发展有限公司

联系人：王小伟　联系电话：18292416600

5. 商洛市福众岭农业有限责任公司

联系人：王智远　联系电话：18309163888

6. 商洛秦耘致福生态农林有限公司

联系人：陈　刚　联系电话：18192367967

7. 商洛市丰鑫生态农业有限公司

联系人：杨海峰　联系电话：13038510932

8. 陕西宝芝源食品有限公司

联系人：王景锋　联系电话：13991337626

商州蜂蜜

登录编号：CAQS-MTYX-20200763

一、主要产地

商洛市商州区杨峪河镇吴庄村、沙河子镇石窑子村、麻街镇中流村、刘湾街道办事处小龙峪村、北宽坪镇广东坪村。

二、品质特征

商州蜂蜜色泽均一，颜色呈琥珀色；状态稠如凝脂，呈半透明黏稠液体；气味纯正，具有蜜源植物特有的香味；清洁无杂质、品质佳。

商州蜂蜜果糖和葡萄糖含量为73.1g/100g，淀粉酶活性为20.8mL/（g·h），不含蔗糖。其营养丰富，具有解酒、润肺、消除积食、提升睡眠质量、促进代谢及止咳等功效，同时也是理想的护肤品。

三、环境优势

商州位于秦岭的东段南面，属于温带半湿润气候，四季分明，冬无严寒，夏无酷暑，冬春长，夏秋短。辖内生态环境优良，无工业污染源，蜜源植物丰富，花期长达9个月。历史上自然形成的蜂产品集散中心，每年有来自河南、湖北、浙江、云南等省上千家蜂农来商洛追花夺蜜。

四、收获时间

全年均有采集，最佳收获期为5—8月。

五、推荐储藏和食用方法

【储藏方法】应使用陶瓷、食品级塑料等

非金属容器储藏，宜存放在阴凉、干燥、清洁、通风处，温度保持在 5~10℃，空气湿度不超过 75%。冰箱冷藏会促使蜂蜜结晶，但不影响蜂蜜的食用安全性和营养价值。

【食用方法】

1. 蜂蜜水　用 40℃以下的温开水或凉开水冲服，不可用开水溶化或高温蒸煮。

2. 蜂蜜柚子茶　将柚子清洗剥皮，将皮和果肉在 65℃左右的水中浸泡 10min，柚子皮切细丝，然后放在淡盐水中浸泡 15min；锅中加入水和 100g 冰糖，大火煮开后放入果肉和柚子皮，转成小火熬煮，搅拌以免糊锅，等熬至黏稠，柚子皮金黄透亮时出锅；冷却至 40℃左右加入适量蜂蜜并搅拌均匀，装入密封性良好的容器中，冰箱冷藏备用。

六、市场销售采购信息

1. 商洛市吴庄实业有限公司

联系人：李卫红　联系电话：18909148149

2. 商洛市商州区沙河子镇源态蜂业农民专业合作社

联系人：张亚锋　联系电话：13509147872

3. 商洛市商州区天然园土蜂蜜养殖农民专业合作社

联系人：李海亮　联系电话：18109148608

4. 商洛市商州区秦蜂养蜂农民专业合作社

联系人：王品芝　联系电话：18165080226

5. 商洛市商州区华农蜂业农民专业合作社

联系人：王小利　联系电话：1539939078

商州鸡蛋

登录编号：CAQS-MTYX-20200764

一、主要产地

商洛市商州区麻街镇自愿村、杨峪河镇吴庄村。

二、品质特征

商州鸡蛋蛋壳坚韧厚实，色稍浅，蛋清清澈黏稠，略带青黄，蛋黄色泽金黄，浮在蛋青之上，不沉底。

商州鸡蛋维生素 E 含量为 2.37mg/100g，维生素 B_2 含量为 0.27mg/100g，铁含量为 2.44mg/100g，胆固醇含量为 252mg/100g，上述指标均优于同类产品参照值。商州鸡蛋营养丰富，具有健脑益智、保护肝脏、延缓衰老等功效。

三、环境优势

商州地貌是东秦岭山地地貌的组成部分，是一个结构复杂的以中、低山为主体的土石山区，地势西北高、东南低，山大、山多。境内林木资源和水资源十分丰富，丹江及主要支流南秦河、金陵寺河、大荆河、腰市河沿岸为河流堆积区，地面平坦，地势开阔，土地肥沃，为传统的主要农耕区之一，优越的气候条件和自然资源为发展散养鸡提供了有利条件。

四、收获时间

收获期为全年。

五、推荐储藏和食用方法

【储藏方法】保存温度以 3~6℃最宜，长时间存放需冷藏。

【食用方法】适合蒸、煮、炒、炸等各类烹饪方法，也适合与多类食物搭配。

六、市场销售采购信息

1. 商洛市商州区自愿养鸡农民专业合作社

联系人：王锋良　联系电话：18091421669

2. 商洛市商州区吴庄强强养殖家庭农场

联系人：任小强　联系电话：15353530303

商州核桃

登录编号：CAQS-MTYX-20210197

一、主要产地

商洛市商州区陈塬街道办事处及杨斜、闫村、大荆等镇。

二、品质特征

商州核桃大小均匀，外观充实、圆润、规则凸起，缝合线紧密，外壳干净、光洁。果皮骨质坚硬，呈棕褐色，表面布满凹凸不平的皱褶，有两条纵棱。果内有核仁，完整类球形，由两片呈脑状的子叶组成，一端可见三角状突起的胚根。仁皮薄，呈淡棕色，有深色纵脉纹。仁肉黄白色，碎断后内部乳白色，微香，是可食部分。

商州核桃具有食疗价值，其味甘、性温，入肾、肺、大肠经。可补肾、固精强腰、温肺定喘、润肠通便。蛋白质含量为19.3g/100g，钙含量为109mg/100g，铁含量为6.0mg/100g，磷含量为313mg/100g，维生素C含量为1.96mg/100g，上述指标均优于同类产品参照值。

三、环境优势

商州区位于陕西省东南部，秦岭南麓，地处长江流域，属暖温带和北亚热带过渡地带，亚热带与暖温带气候相兼并存。常年气候温和，四季分明，冬无严寒，夏无酷热，光照充足，雨量适中，土地肥沃，植被茂盛，森林覆盖率66.7%以上，适宜的气候条件和良好的生态环境是核桃最佳适生区。

四、收获时间

收获期为9月。

五、推荐储藏和食用方法

【储藏方法】于干燥、通风、阴凉地方存放。

【食用方法】鲜食、加工。

1. 盐焗核桃　空锅加入食用盐，中火翻炒2min，加入核桃仁，小火翻炒至焦黄色、脆香后出锅；过滤掉盐，把核桃仁铺平晾凉，过程中搓去皮后即可食用。

2. 琥珀核桃仁　将核桃仁放水里煮至散发淡红枣味后捞出备用，锅中加入适量清水，放入冰糖几颗和一勺蜂蜜，小火熬出稍黏稠的小泡；放入核桃仁拌匀，使核桃仁均匀裹上一层糖汁，待收干后盛出；锅中放油加热，放入核桃仁小火慢炸至酥脆；捞出装盘，立即撒上芝麻拌匀即可。

六、市场销售采购信息

1. 商洛市商州区陈塬街道办事处上河村核桃专业合作社

联系人：王永锋　联系电话：15209149158

2. 商洛市商州区蟒龙峪核桃专业合作社

联系人：耿侃成　联系电话：13992469806

商州马铃薯

登录编号：CAQS-MTYX-20210198

一、主要产地

商洛市商州区牧护关镇 7 个村。

二、品质特征

商州马铃薯呈扁圆形和长圆形，直径 3~10cm。薯皮呈黄色，皮薄、易脱落，薯肉为淡黄色。外观新鲜、有自然斑点、芽眼较浅；形状完整良好，无畸形、裂沟、干皱；薯肉可以做主食，也可以作为蔬菜食用。

商州马铃薯中锌含量为 0.40mg/100g，蛋白质含量为 2.22g/100g，淀粉含量为 14.1g/100g，上述指标均优于同类产品参照值。

三、环境优势

商州区地处陕西省东南部，西北有秦岭天然屏障，冷空气不易侵入，向东南开口的山川地形有利于暖湿气流伸进，因而形成暖温带南缘过渡带季风性、半湿润山地气候，四季分明，冬无严寒，夏无酷暑，冬春长，夏秋短，年均气温 12.8℃，森林覆盖率达 68.6%，是马铃薯最佳适生区域之一。

四、收获时间

收获期为 7 月。

五、推荐储藏和食用方法

【储藏方法】在 3~5℃冷藏保鲜，注意通风避光。

【食用方法】可用于清炒、椒盐、凉拌、初加工等，也可与各类食物搭配食用。

六、市场销售采购信息

1. 商洛市商州区秦王马铃薯产业专业合作社

联系人：闫　家　联系电话：13038516291

2. 商洛市秦利惠丰农业发展有限公司

联系人：李建红　联系电话：13991460307

商州菊芋

登录编号：CAQS-MTYX-20210199

一、主要产地

商洛市商州区腰市镇、北宽坪镇、牧护关镇等 9 个镇。

二、品质特征

商州菊芋外形像生姜，皮薄，块茎呈不规则瘤状，芽眼外凸，无根须，质地紧密。块茎皮色呈白色，去皮内瓤也为白色。无异味，可生食。

商州菊芋可溶性总糖含量为 6.54%，干物质含量为 22.7%，锌含量为 0.35mg/100g，上述指标均优于同类产品参照值。

三、环境优势

商州区地跨长江流域，又处秦（岭）淮（河）南北自然分界线上，属暖温带和北亚热带过渡地带，亚热带与暖温带气候相兼并存。常年气候温和，四季分明，光照充足，雨量充沛，土地肥沃，植被茂盛，森林覆盖率 66.7% 以上。境内无大型工矿企业污染，是全国生态建设试点示范区，国家南水北调重要水源涵养区。特殊的气候条件和优良的生态环境造就了菊芋独特的品质。

四、收获时间

收获期为 11 月。

五、推荐储藏和食用方法

【储藏方法】可用保鲜袋密封，冰箱冷藏保存，保存时间 20 天左右。

【食用方法】可生食、凉拌、清炒、加工等，也可与各类食物搭配食用。

凉拌菊芋丝　将菊芋和胡萝卜去皮，洗净后，切丝；放入适量盐、醋、生抽等调料搅拌；香油大料煎香调制即可食用。

六、市场销售采购信息

1. 商洛市商州区腰市镇庙前村股份经济合作社

联系人：李　涛　联系电话：13038518333

2. 陕西森弗天然制品有限公司

联系人：张俊科　联系电话：13149141831

商州平菇

登录编号：CAQS-MTYX-20210200

一、主要产地

商洛市商州区北宽坪、夜村、沙河子、牧护关、板桥等 5 个镇及大赵峪街道办事处。

二、品质特征

商州平菇菌盖直径 5~21cm，呈灰白色，菌盖边缘较圆整；菌柄较短，长 1~3cm，粗 1~2cm，基部常有茸毛，菌盖和菌柄较柔软；孢子印白色，常呈枞生甚至叠生。

商州平菇蛋白质含量为 19.1g/100g，维生素 B_2 含量为 0.20mg/100g，硒含量为 7.2 μg/100g，铁含量为 9.23mg/100g，钙含量为 96.5mg/100g，各项主要指标均优于同类产品参照值。

三、环境优势

商州区地处秦岭腹地，四季分明，气候温和，降水量充足，森林覆盖率 66.5%，林木资源和野生食用菌种质资源丰富，良好的生态条件适宜生产高质量的食用菌产品，是陕西省乃至国内食用菌生产的最佳适宜区。

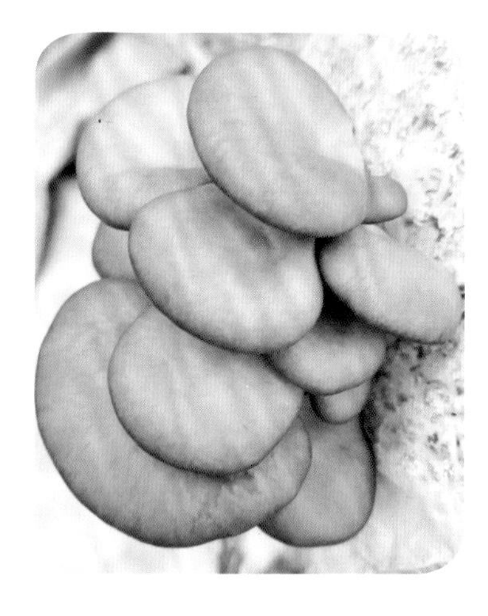

四、收获时间

4—9 月收获，最佳品质期为 5 月。

五、推荐储藏和食用方法

【储藏方法】冷藏保鲜，最佳温度 0~4℃，储存时间 5~7 天。

【食用方法】可清炒、油炸、煲汤。

1. 素炒平菇　平菇清洗干净，青红辣椒切段，葱、姜、蒜切成小块备用；碗中放入蚝油、生抽、老抽、十三香、白糖、鸡精、淀粉调汁；锅中烧开水，放入一勺盐和一勺油，放入平菇焯水 30~40s，滤水备用；热锅凉油放入葱、姜、蒜炒香，放入青红辣椒翻炒几下，放入平菇翻炒 20s 左右，放入调料汁，翻炒、收汁即可出锅。

2. 平菇炒肉　平菇清洗后掰开，肉丝、尖椒丝、小米椒段、姜丝、蒜末备用；小半勺芡粉、一勺豆瓣酱、一小勺盐、小半勺酱油，加水搅拌均匀做调料汁；热油，肉丝入锅翻炒，加适量料酒翻炒，加入姜、蒜、小米椒和尖椒，倒入调料汁，翻炒均匀；平菇入锅，小火翻炒 2~3min，大火收汁出锅。

六、市场销售采购信息

1. 商洛市秦绿源食用菌有限公司

联系人：费朋波　联系电话：13991439809

2. 商洛市精旭腾科技发展有限公司

联系人：王小伟　联系电话：18292416600

商州草莓

登录编号：CAQS-MTYX-20210510

一、主要产地

商洛市商州区沙河子镇、麻街镇、夜村镇、板桥镇等。

二、品质特征

商州草莓果下面具有一短柄小叶，紧贴于果。果形端正，呈圆锥形，大果型。果面平整，颜色深红，有光泽。种子分布均匀，果肉红色、髓心白色，果肉细腻，味酸甜，气味浓郁。

草莓有非常高的营养价值，所含的胡萝卜素是合成维生素 A 的重要成分，具有明目养肝的作用。经测定，商州草莓可溶性固形物含量为 8.8%，维生素 C 含量为 49.1mg/100g，上述指标均优于同类产品参照值。

三、环境优势

商州位于陕西省东南部，秦岭东段南麓，丹江上游，森林覆盖率 68.6%，属暖温带南缘过渡带季风性、半湿润山地气候，四季分明，冬无严寒，夏无酷暑，冬春长，夏秋短。境内土壤肥沃、保水保肥能力强、透水通气性好、质地疏松。辖区没有大型工矿企业，工业污染少，生态环境优良。独特的气候条件和良好的生态环境适宜生产出高品质的草莓，是草莓的最佳适生区。商州区位优势明显，西合、西康两条铁路贯穿全境，沪陕、福银高速公路建成通车，促使商州融入西安“1 小时经济圈”“武汉 1 天经济圈”，为草莓产品流通、保障市场供给，提供了便利条件。

四、收获时间

收获期为 1—5 月。

五、推荐储藏和食用方法

【储藏方法】0~3℃下冷藏保鲜，可保存 1~2 天。

【食用方法】鲜食、加工。

六、市场销售采购信息

1. 商洛市宏邦实业有限责任公司

联系人：张红卫　联系电话：18991442116

2. 商洛方缘达生态农业有限公司

联系人：高岁芳　联系电话：15129495665

3. 商洛市商州区耘夫农业种植专业合作社

联系人：詹丽娟　联系电话：18992455566

4. 商洛市商州区仙湖蔬菜种植农民专业合作社

联系人：李三民　联系电话：13289140328

商州樱桃

登录编号：CAQS-MTYX-20210511

一、主要产地

商洛市商州区沙河子镇、夜村镇等 7 个镇（办）。

二、品质特征

商州樱桃色泽亮丽,颜色为黄色或深红色。果皮圆滑无褶皱，果形规整近球形，手感富有弹性。果梗完整，果肉厚实，果核小，口味酸甜。

商州樱桃可溶性固形物含量为 13.2%，可滴定酸含量为 1%，铁含量为 0.72mg/100g，上述指标均优于同类产品参照值。

三、环境优势

商州地处秦岭南麓，属中纬度地区，西北部有秦岭天然屏障，冷空气不易侵入，向东南开口的山川地形有利于暖温气流伸进，因而形成暖温带南缘过渡带季风性、半湿润山地气候，四季分明，冬无严寒，夏无酷暑，冬春长，夏秋短。气温年际变化大，年均气温 12.8℃，最热月为 7 月，平均 24.8℃；最冷月为 1 月，平均为 0.3℃。商州区水资源丰富，土壤以黏土和砂壤土为主，得天独厚的自然条件，使商州樱桃具有品种多、果型大、品质优、高产、成熟早的特点。

四、收获时间

最佳收获期为 5—6 月。

五、推荐储藏和食用方法

【储藏方法】新鲜的樱桃适合在 2~5℃下冷藏保存，可保存 3~5 天。

【食用方法】鲜食、加工。刚摘下来的樱桃，果实饱满，汁多可口，放入冰箱冷藏之后食用口感更好。

六、市场销售采购信息

1. 商洛市商州区夜村镇绿洲果蔬农民专业合作社

联系人：马刚超　联系电话：13992423300

2. 商洛市商州区红了大樱桃专业合作社

联系人：杨巴曹　联系电话：15129491638

3. 商洛市商州区杨斜镇润佳源樱桃种植专业合作社

联系人：王文霞　联系电话：15829566675

4. 商洛市商州区秦岭丹源大樱桃种植农民专业合作社

联系人：程素华　联系电话：18691420506

洛南连翘

登录编号：CAQS-MTYX-20200765

一、主要产地

商洛市洛南县灵口镇五家沟村。

二、品质特征

洛南连翘果呈卵状球形、椭圆形或长椭圆形，稍扁，先端喙状渐尖，长1.6~2.4cm，直径0.6~1.2cm，表面有不规则的纵皱纹和多数突起的小斑点，两面各有1条明显的纵沟，顶端锐尖，基部有小果梗，青翘多不开裂，表面绿褐色，突起的灰白色小斑点较少，质硬，种子多数黄绿色，细长，一侧有翅，气微，味苦。

连翘苷含量为0.4%，连翘脂苷A含量为3.63%，挥发油含量为2.25%（mL/g），浸出物含量为32.6%，水分含量为8.04%，总灰分含量为3.34%，各项指标均优于参照值。

三、环境优势

洛南连翘主要分布在秦岭沿线和蟒岭沿线的中山地带，在海拔800~1 200m的低山丘陵区。产地地处秦岭南麓，横跨长江、黄河两大流域，属暖温带和北亚热带过渡地带，半湿润山地气候，连绵大山、广袤森林。独特的气候条件和良好的生态环境，孕育了丰富的连翘资源，面积、产量在陕西全省、商洛市都占有重要位置，道地性十分明显。

四、收获时间

收获期为8—9月，最佳品质期为9月。

五、推荐储藏和食用方法

【储藏方法】在通风、干燥、阴凉处存放，

防止受潮霉变，防虫蛀、鼠害。

【食用方法】洛南连翘分为食用和药用，可与各类食材搭配烹饪，也可搭配其他中药材入药。

1. 连翘黑豆汤　大枣、黑豆各 50g，连翘 5g。取大枣、黑豆洗净后，用清水浸泡 30min，浸泡的水不用换，直接下锅熬粥，加入连翘，开始用大火煮，煮 10~30min 改用文火煮至黑豆熟烂即可。

2. 连翘萝卜汤　白萝卜 100g，连翘 10g，女贞子 5g。将白萝卜去皮、洗净、切片。先煎连翘、女贞子，去渣取汁，再煮沸后加入白萝卜片，待温食用。

3. 菊花连翘汤　菊花 12g，连翘 12g，生甘草 5g。将以上中药材加水煮 20min，待温度适合后饮用。

六、市场销售采购信息

1. 洛南县鑫泰连翘产业合作社

联系人：罗成娃　联系电话：13991471086

2. 洛南县杨河金翘专业合作社

联系人：宋团民　联系电话：13991401006

3. 洛南县小红中药材种植专业合作社

联系人：南志荣　联系电话：13991503055

洛南金银花

登录编号：CAQS-MTYX-20200766

一、主要产地

商洛市洛南县景村镇御史村、柏峪寺镇王塬村、保安镇仓圣社区等。

二、品质特征

洛南金银花呈棒状，上粗下细，略弯曲，长 2.3~2.9cm，上部直径约 3mm，下部直径约 1.5mm。表面黄白色或绿白色纤长舒展，密被短柔毛，条条鲜润。

洛南金银花具有疏风、清热、解毒、消肿的功效。水分含量为 7.10%，总灰分含量为 5.61%，酸不溶性灰分含量为 1.03%，绿原酸含量为 3.67%，木樨草苷含量为 0.141%，上述指标均优于同类产品参照值。

三、环境优势

洛南县属于黄河流域，位于秦岭东段南麓，属暖温带南缘季风性湿润气候，四季分明，雨量适中，气候湿润，年均气温 11.1℃，年降水量 754.8mm，日照时长 7~8h，空气湿度较大。土壤和气候资源优越，无大型工矿企业，无“三废”污染，土地、水质、大气洁净，生态环境优良。

四、收获时间

收获期为 6—8 月，最佳品质期为 6 月。

五、推荐储藏和食用方法

【储藏方法】0~6℃下冷藏储存。

【食用方法】可用作代饮茶，温开水冲泡后直饮用。

六、市场销售采购信息

1. 洛南县景村镇宏泰金银花专业合作社

联系人：郭夏锋　联系电话：13389146788

2. 洛南县华昌金银花专业合作社

联系人：高少峰　联系电话：13991565899

3. 洛南县益民农副产品购销专业合作社

联系人：吕志荣　联系电话：13992459989

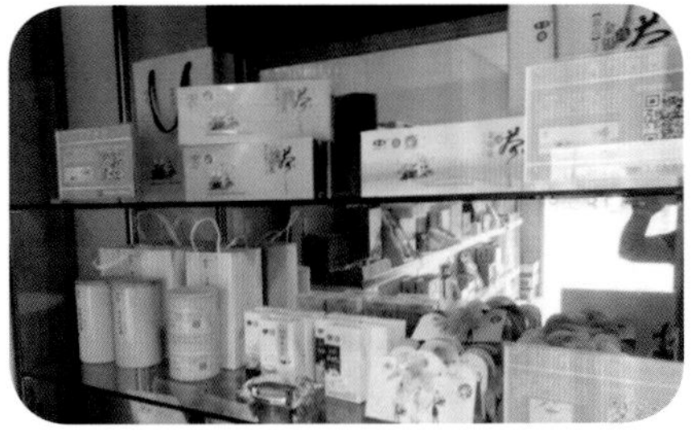

洛南核桃

登录编号：CAQS-MTYX-20200767

一、主要产地

商洛市洛南县保安镇、永丰镇、石门镇等16个镇(办)的刘家村、眉底村、八一村等134个村。

二、品质特征

洛南核桃果实近圆形，果壳表面洁净，呈黄褐色，有不规则槽纹，壳薄光滑；果仁饱满，呈脑状，被黄褐色薄种皮包裹，其上有明显的脉络，种皮易剥脱，内果仁色白，口感油香，无涩味，品质佳，极具地方特色。

洛南核桃营养丰富，钙含量为81.0mg/100g，铁含量为2.83mg/100g，锌含量为2.38mg/100g，钠含量为8mg/100g，蛋白含量为17.2%，脂肪含量为60.4%，上述指标均优于同类产品参照值。

三、环境优势

洛南县地处秦岭东段南麓，属暖温带大陆性季风气候，平均海拔800~1200m，年均气温11.1℃，无霜期195天，年均降水量760mm，森林覆盖率90%以上，全年光照充足，雨量充沛，四季温和，空气质量居全省前列，生态环境优越，是我国核桃最佳适生区之一。洛南核桃栽植历史悠久，距今已有两千余年，为陕西核桃的发源地之一。全县发展核桃种植面积达到76万亩，总产量6.05万t，产值达到8亿元，种植规模位居全省前列。

四、收获时间

最佳收获期为 9—10 月。

五、推荐储藏和食用方法

【储藏方法】在通风、阴凉、背光的环境下常温储藏。

【食用方法】生食、熟食、加工。

1. 琥珀核桃　将核桃仁煮熟后捞出备用；锅里加入适量清水，放入冰糖和蜂蜜，小火熬出稍黏稠的小泡，放入核桃仁拌匀，使核桃仁均匀裹上一层糖汁，收汁后盛出；锅里加油，热后放入核桃仁小火慢炸至酥脆捞出；装盘后立即撒上芝麻拌匀即可。

2. 核桃粥　核桃 30g、花生 30g、糯米 50g、小米 40g、大米 50g、枸杞 15g，将所有食材清洗干净，用水浸泡一晚（枸杞除外），将浸泡好核桃和花生捣碎备用，锅内添加适量的清水，放入糯米、小米、大米和捣碎的花生、核桃；开大火烧沸把浮上来的泡沫撇干净，烧沸后要用勺不停地搅拌以免粘锅；中火熬至 1h 左右，待粥熬得浓稠再放入枸杞继续熬 5min 即可。

六、市场销售采购信息

1. 洛南县柏峪寺核桃种植专业合作社

联系人：陈叶青　联系电话：13359149222

2. 洛南县长胜农产品贸易有限公司

联系人：马文娟　联系电话：18740742878

3. 商洛盛大实业股份有限公司

联系人：吕晓莉　联系电话：18992483333

洛南核桃油

登录编号：CAQS-MTYX-20200768

一、主要产地

商洛市洛南县石坡镇、巡检镇、四皓街道办事处等3个镇（办）的周湾村、王村、黑山村、代塬村、驾鹿村等10个村。

二、品质特征

洛南核桃油采用洛南优质核桃压榨而成，其色泽清澈、透亮、呈浅黄色，为可食用油，新鲜纯正、营养丰富、口感清淡、无异味，品质极佳。

洛南核桃油不饱和脂肪酸含量为73.1%，饱和脂肪酸含量为9.1%，脂肪含量100.0g/100g，上述指标均优于同类产品参照值。

三、环境优势

洛南核桃油原料产自全国久负盛名的核桃之乡——洛南县。该县地处秦岭东段南麓，属暖温带大陆性季风气候，平均海拔800~1 200m，年平均气温11.1℃，无霜期195天，年均降水量760mm，森林覆盖率90%以上，全年光照充足，雨量充沛，四季温和，空气质量居全省前列，生态环境优越，是我国核桃最佳适生区，也是陕西核桃的发源地之一。

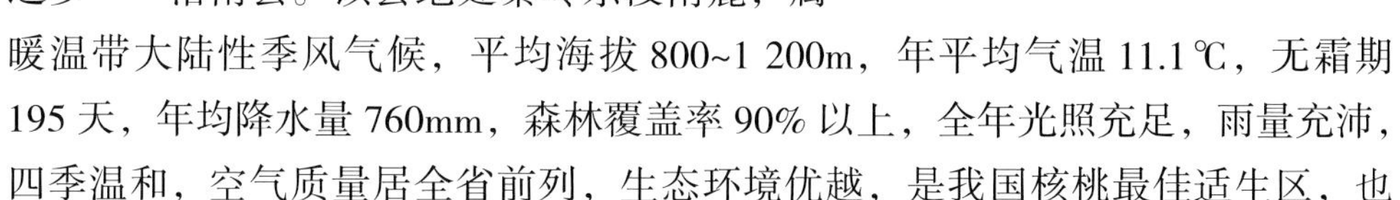

四、收获时间

洛南核桃的收获期为 9 月，洛南核桃油全年生产。

五、推荐储藏和食用方法

【储藏方法】未开封的核桃油放置于阴凉干燥处，避免阳光暴晒；开封后的核桃油冰箱冷藏储存，低温下出现混浊或沉淀现象，属正常物理反应，不影响品质；开封后的核桃油冰箱冷藏储存，保质期 3 个月。

【食用方法】生食、熟食，如煎、炒、烹、炸、凉拌、汤羹。

六、市场销售采购信息

1. 陕西雨鹤生物科技有限公司

联系人：杨刚平　联系电话：13991421008

2. 洛南县四皓王茜核桃专业合作社

联系人：王　茜　联系电话：15619990393

3. 洛南县谢先生销售经销部

联系人：谢　鹏　联系电话：15529525519

洛南黑花生

登录编号：CAQS-MTYX-20200769

一、主要产地

商洛市洛南县景村镇御史村、齐坡村。

二、品质特征

洛南黑花生外形呈串珠形和曲棍形，果形均匀、中等，果壳呈黄色，果壳坚硬，不易破裂，籽仁呈椭圆形，种皮鲜时紫红，干时呈黑色，外壳分为两片子叶，呈乳白色。

洛南黑花生具有抗癌防癌、抗衰老、预防心血管疾病等功效。蛋白质含量为28.5g/100g，脂肪含量为38.0g/100g，钙含量为80.4mg/100g，维生素E含量为10.27mg/100g，上述指标均优于同类产品参照值。

三、环境优势

洛南县地处亚热带与温带分界线，平均海拔800~1 200m，年平均气温11.1℃，气候温和，植被茂盛，雨量充沛。黑花生种植基地位于307省道沿线的景村镇御史村、齐坡村，周边无任何厂矿污染源，沙河流经形成的砂壤土质，土层深厚，土壤肥沃，土地平整，排水方便，收、种均方便，是黑花生种植的适生区。

四、收获时间

收获期为9月。

五、推荐储藏和食用方法

【储藏方法】未去壳的花生储存于阴凉、干燥、通风处；去掉外壳的花生冰箱冷藏保存。

【食用方法】生食、熟食，如蒸、煮、炒、炸。可与各类食物搭配烹饪，也可加工成油料。

1. 油炸花生米　花生米用清水洗净，沥干水分后备用；锅内加油，六成热时放入花生米，铺开；开中小火慢炸，不停翻炒，听到啪啪声后关火；稍凉后撒上适量盐，装盘即可食用。

2. 水煮黑花生　将花生米、花椒、大料放盆里，加水泡 8h，充分让花生米入味；泡好后沥干水分，清洗两遍备用；锅里适量水烧开，加入大料、花椒、香叶、桂皮、干辣椒、小茴香，盖上盖子，焖煮 5min，等到锅里的水颜色变稍黄，香料味道散发出来后，将浸泡好的花生米放进锅里，大火煮开，转至小火煮 6min 即可。

六、市场销售采购信息

1. 洛南县景村镇宏泰金银花专业合作社

联系人：郭夏锋　联系电话：13389146788

2. 洛南县景村镇御史村股份经济联合社

联系人：张新满　联系电话：13992412919

洛南香菇

登录编号：CAQS-MTYX-20200770

一、主要产地

商洛市洛南县城关街道办事处野里村、石门镇街村、灵口镇焦村、寺耳镇寺耳街社区等10个镇（办）40个村。

二、品质特征

洛南香菇孢子白色，菌丝浓白，子实体单生，菇形圆整，肉质厚，菇体中等偏大，棕褐色，菇柄较短、较细。菇盖呈半球形，菇盖顶部稍平，菇体较大，一般直径大多在5~7cm。菌盖龟裂花纹棕褐色，菌褶深黄色，扁半球形稍平、规整，菌盖缘翻卷，具有香菇特有的香味，无杂质，品质佳。

洛南香菇蛋白质含量为20.2g/100g，脂肪含量3.6g/100g，钾含量为2 260mg/100g，维生素E含量为13.76mg/100g，磷含量为583mg/100g，上述指标均优于同类产品参照值。

三、环境优势

洛南县地处亚热带与温带分界线，属中温气候，平均海拔800~1200m，年平均气温11.1℃，夏季平均气温21.8℃，冬无严寒、夏无酷暑、四季分明，昼夜温差大。境内气候温和，空气相对湿度较大，雨量充沛，植被茂盛，山清水秀、生态环境优良，森林覆盖率在66.7%以上，独特的气候条件和生态优势是洛南香菇的最佳生长区域。

四、收获时间

收获期为3—11月，最佳品质期为11月。

五、推荐储藏和食用方法

【储藏方法】鲜香菇冰箱冷藏保鲜；干香

菇应放于干燥、通风、阴凉处保存。

【食用方法】洛南香菇适合与各类食物搭配烹饪，也可加工成即食食品。

1.香菇青菜　把新鲜香菇去根后掰成小瓣，与青菜一起爆炒，营养丰富，味道佳美。

2.干香菇炖肉　把干香菇用冷水泡发2~3h，菇瓣全开后和排骨或鸡肉等一起置炉子上小火炖1h即可食用。

3.香菇酱　把新鲜香菇用搅拌机搅成碎末，再把新鲜肉搅碎；锅里倒油，放豆瓣酱炒出红油，再把香菇和肉及其他配料一起爆炒，做成美味的香菇酱，可夹馍、拌面，美味可口。

六、市场销售采购信息

1.洛南县阳光生态农业科技有限公司

联系人：郝延雄　联系电话：18791180607

2.洛南县凤鸣山现代农业科技有限公司

联系人：张　翔　联系电话：15229483888

3.洛南县七彩田园绿色蔬菜种植专业合作社

联系人：陈永文　联系电话：13991436778

4.洛南县洛育食用菌专业合作社

联系人：李会锋　联系电话：18909145222

洛南椴木木耳

登录编号：CAQS-MTYX-20200771

一、主要产地

商洛市洛南县城关街办野里社区、寺耳镇寺耳街社区、巡检镇巡检街社区等6个镇8个村。

二、品质特征

洛南椴木木耳色泽黑褐，呈胶质片状，质地柔软，耳片完整，耳瓣舒展；耳正面平滑，稍有脉状皱纹，呈黑褐色，背面外面呈弧形，暗青灰色，无金属及其他非植物杂质，品质佳。

洛南椴木木耳营养丰富，蛋白质含量为14.0g/100g，脂肪含量为2.0g/100g，钙含量为413mg/100g，钾含量为1 160mg/100g，磷含量为294mg/100g，上述指标均优于同类产品参照值。

三、环境优势

洛南县地处亚热带与温带分界线，平均海拔800~1 200m，年平均气温11.1℃，夏季平均气温21.8℃，山清水秀、冬无严寒、夏无酷暑、四季分明，境内气候温和，雨量充沛，植被茂盛，空气质量达到国家一级标准，森林覆盖率在66.7%以上。独特的气候条件和丰富的林木资源，使洛南县发展椴木木耳产业具有得天独厚的优势。

四、收获时间

收获期为4—9月，最佳品质期为5月。

五、推荐储藏和食用方法

【储藏方法】干木耳放置在干燥、通风、阴凉、避光的地方；泡发后未吃完的木耳，可密封冷藏，保存时间2~3天。

【食用方法】

1. 凉拌黑木耳　木耳用清水浸泡30min，

择成小朵、然后用清水冲洗干净，锅下水烧开，将木耳丝焯水 1min，捞出过凉水。取一个大一点的盆，放入焯好的木耳、青菜等，加入姜蒜蓉、油辣椒、盐、酱油、凉拌醋、少许香油，营养丰富，健脾开胃。

2. 热炒木耳　干木耳冷水泡发，掰成小朵洗净，再把蒜去皮切末，油锅爆香蒜末和生抽，放入肉或菜、木耳翻炒 2min，加盐出锅，美味爽口。

六、市场销售采购信息

1. 洛南县阳光生态农业科技有限公司

联系人：郝延雄　联系电话：187971180607

2. 洛南县凤鸣山现代农业科技有限公司

联系人：张　翔　联系电话：15229483888

洛南兔肉

登录编号：CAQS-MTYX-20200772

一、主要产地

商洛市洛南县保安镇眉底村、鱼龙村。

二、品质特征

洛南兔肉质地细嫩，呈均匀的鲜红色，有光泽，有弹性，指压后的凹陷部位可很快恢复，无任何异味，品质极佳。

洛南兔肉脂肪含量为5.8g/100g，钾含量为371mg/100g，维生素E含量为0.57mg/100g，胆固醇含量为61.5mg/100g，钠含量为77mg/100g，上述指标均优于同类产品参照值，是心脑血管病人理想的肉食品。

三、环境优势

洛南兔肉产地位于洛南县保安镇的鱼龙村、眉底村，该地气候适宜，冬暖夏凉，空气清新，早晚温差较小，洛惠渠流经此处，水资源丰富，水质较好，交通便利，无吵闹声，环境舒适，周围无厂矿污染源，是肉兔全年生长的适宜之地。肉兔属于恒温动物，生长环境在15~25℃，耐寒不耐热，夜间采食频繁，胆小怕惊，喜干燥。

四、收获时间

全年均有出栏。

五、推荐储藏和食用方法

【储藏方法】可冷藏保鲜或冷冻保存。低温0~4℃保质期2~3天，低于-18℃保质期6个月。

【食用方法】

1. 红烧兔肉　兔肉冷水下锅焯水，去腥，捞出备用；把花椒、盐、大料、桂皮、香叶、胡椒粉、葱段等放锅里炒香；放入兔肉，炒干水分，加老抽、生抽、盐、鸡精、水；大火烧开，小火炖熟，炖好之后放红辣椒、香菜即可。

2. 山药炖兔肉　兔肉放入锅内，加入适量清水，旺火烧开，撇去浮沫，小火炖煮 10min；加入葱段、姜片、盐、料酒小火炖 90min；加入山药后再炖 30min 即可。

3. 凉拌兔肉　将兔肉放入冷水锅内，放葱结、生姜、料酒烧 5min，关火焖 30min，捞出控水晾凉待用；将葱、姜、蒜用开水泡出味，加入酱油、醋、白糖、盐、味精、油辣椒、柠檬汁，搅拌均匀即可。

六、市场销售采购信息

1. 陕西欧标新星兔业扶贫有限公司

联系人：曲　博　联系电话：18991501483

2. 洛南县洛鱼养兔专业合作社

联系人：李　念　联系电话：15229487382

洛南蜂蜜

登录编号：CAQS-MTYX-20210201

一、主要产地

商洛市洛南县麻坪镇峪口村、四皓街办百川村、保安镇三义村、巡检镇黑彰村、高耀镇里龙村等 8 个镇。

二、品质特征

洛南蜂蜜细腻，琥珀色，呈黏稠流体状。具有植物的花的气味，无酸味、酒味等其他异味。口感甜润，滋味清纯、香郁。无蜜蜂肢体、幼虫、蜡屑及正常视力可见杂质。

洛南蜂蜜果糖和葡萄糖含量为64.7g/100g，羟甲基糠醛含量为3.5mg/kg，淀粉酶活性含量为14.4mL/(g·h)，钙含量为91.0mg/kg，氨基酸总量含量为0.18g/100g，上述指标均优于同类产品参照值。

三、环境优势

洛南县地处亚热带与温带分界线，平均海拔800~1 200m，气候温和，年平均气温11.1℃，夏季平均气温21.8℃，降水主要集中在6—7月，平均日照时间长，适合多种植物生长。境内野花生长茂盛，蜜源植物覆盖率高、环境优美、水源优质，为蜜蜂的栖息和繁衍提供了得天独厚的条件，非常适合蜜蜂采蜜和酿蜜。

四、收获时间

收获期为5—7月，最佳品质期为6月。

五、推荐储藏和食用方法

【储藏方法】新鲜蜂蜜要用陶瓷、玻璃瓶、无毒塑料桶等非金属容器储存，不能用金属容器储存，以免增加蜂蜜中重金属的含量。蜂蜜宜放在阴凉、干燥、清洁、通风环境下，温度保持5~10℃，空气湿度不超过75%。

【食用方法】适量温开水冲匀即可饮用，水温不能超过60℃，以免破坏蜂蜜中的活性物质。

六、市场销售采购信息

1. 洛南县博威蜂业养殖专业合作社

联系人：寇　博　联系电话：18109228007

2. 洛南县洛水绿源中蜂养殖专业合作社

联系人：杨桂锋　联系电话：15191599860

3. 洛南县臻蜜土蜂养殖专业合作社

联系人：李延泳　联系电话：18392923822

4. 洛南县老秦都土蜂养殖专业合作社

联系人：王　斌　联系电话：18700561580

洛南鸡蛋

登录编号：CAQS-MTYX-20210202

一、主要产地

商洛市洛南县城关街道邢塬村、庵底村。

二、品质特征

洛南鸡蛋蛋形端正，呈椭圆形，蛋壳清洁完整，呈浅红色，直径长 3.5cm 左右，约重 60g，一头大，一头小，表面光滑细腻，紧密坚硬。灯光透视时，整个蛋呈微红色，蛋黄不见阴影，打开后蛋黄凸起完整，并带有韧性，蛋白澄清透明，稀稠分明。

洛南鸡蛋具有益智健脑、保护视力、预防癌症、保护肝脏、预防动脉硬化、补充营养等功效。维生素 E 总量为 2.29mg/100g，脂肪含量为 9.4g/100g，a-VE 含量为 1.88mg/100g，硒含量为 24μg/100g，胆固醇含量为 306mg/100g，胆固醇含量远低于参照值。

三、环境优势

洛南县属于黄河流域，位于秦岭东段南麓，属暖温带南缘季风性湿润气候，四季分明，光照充足，植被茂密、雨水充沛，气候温和。境内无大型工矿企业，无“三废”污染，土地、水质大气十分洁净，空气富含氧离子，生态环境良好。土壤富含硒、镁等微量矿物质元素，饲草饲料资源丰富，有鸡群生长全过程饮用的纯天然矿泉水，最适宜蛋鸡生长。

四、收获时间

全年均可收获。

五、推荐储藏和食用方法

【储藏方法】冰箱冷藏保鲜，温度控制在

2~5℃，保质期为 40 天左右。

【食用方法】适合各种烹饪方法，如煎、炒、蒸、煮，也可与各类食物搭配烹饪。

1. 糖醋荷包蛋　生抽 2 勺、香醋 1 勺、蚝油 1 勺、番茄酱 1 勺、白糖半勺、淀粉半勺、清水 3 勺，搅拌均匀作调料汁备用；热油锅，五成热时打入鸡蛋，煎至两面金黄；倒入调好的调料汁，小火炖煮至汤汁浓稠，盛盘即可。

2. 韭菜炒鸡蛋　将韭菜洗净切成小段，鸡蛋打散，放入盐、味极鲜、胡椒粉搅拌均匀，锅中倒油，油热后倒入韭菜鸡蛋液，等鸡蛋液凝固后，翻炒至熟，装盘即可。

3. 水蒸蛋　将鸡蛋打散，然后加入盐调味，再加入胡椒粉，加水搅拌均匀，倒进瓷碗里，裹上保鲜膜，在保鲜膜上扎几个孔，放在蒸笼里蒸 5min，蒸好后淋酱油和香油，撒葱花，即可。

六、市场销售采购信息

1. 洛南县园平家庭农场

联系人：邢卫平　联系电话：18991408265

2. 洛南县鹏翔生态养殖场

联系人：方　鹏　联系电话：18309144440

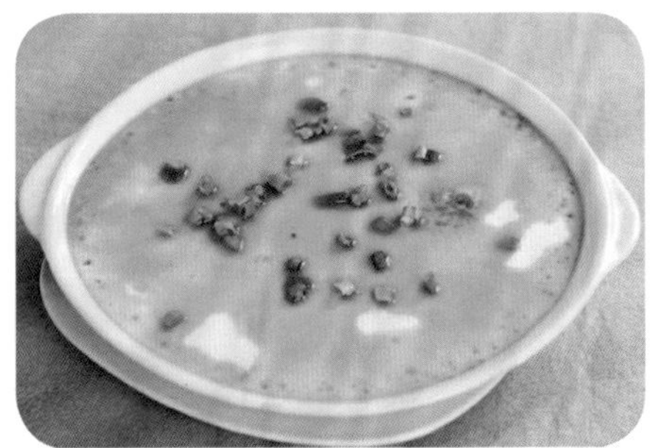

洛南西洋参

登录编号：CAQS-MTYX-20210948

一、主要产地

陕西省商洛市洛南县洛源镇龙潭村。

二、品质特征

洛南西洋参多年生草本植物，呈长圆柱形，形似人参，枝条较粗壮，表面浅黄褐色，可见横向环纹和线形皮状突起，并有细密浅纵皱纹和须根，主根中下部有数条侧根，上端有根茎，环节明显，茎痕圆形。体重，质坚实，不易折断，断面平坦，浅黄白色，略显粉性。气微而特异，味微苦甘。

洛南西洋参具有健脾养心、补阴清火、生津止渴之功效，其人参皂苷 Re（$C_{48}H_{82}O_{18}$）和人参皂苷 Rb1（$C_{54}H_{92}O_{23}$）总量为 3.461%，浸出物含量为 34.42%，主要指标均优于参照值。

三、环境优势

洛南县地处秦岭南麓，横跨长江、黄河两大流域，属暖温带和北亚热带过渡地带，半湿润山地气候，境内连绵大山、广袤森林。洛南西洋参产地洛源镇龙潭村位于洛南县西部，平均海拔 1 200~1 600m，气候冷凉，昼夜温差大，雨量充足，空气清新，土壤以腐殖质偏酸砂壤土为主，pH 值 5.5~6.4。独特的气候条件和良好的生态环境，孕育了丰富的中药材资源，特别适合西洋参生长。

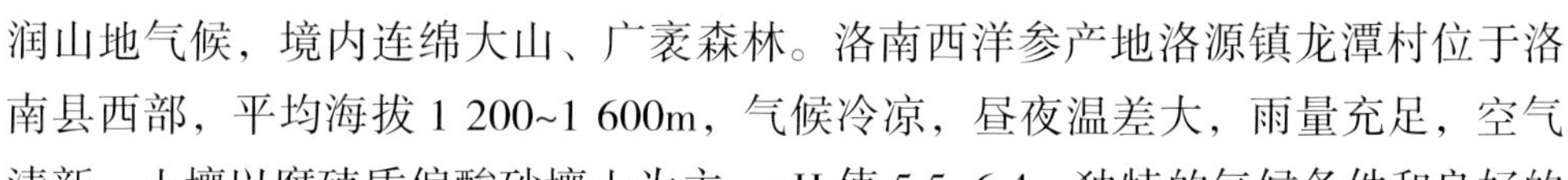

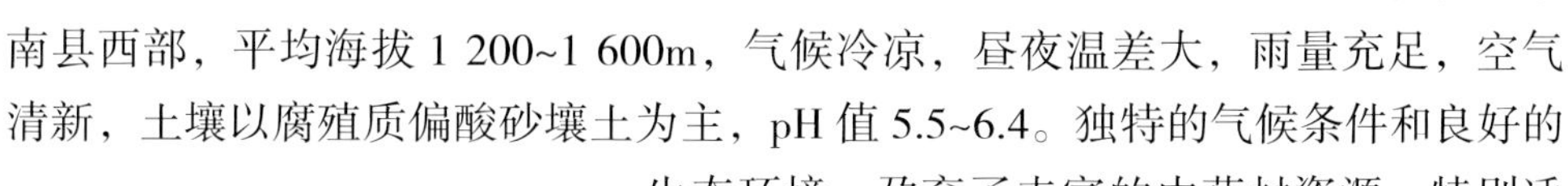

四、收获时间

收获期为 9—10 月。

五、推荐储藏和食用方法

【储藏方法】将干透的西洋参用塑料袋装好，放入冰箱冷藏柜内，可保存 2~3 年。

【食用方法】洛南西洋参为药食同源，可煎煮、炖汤，也可搭配其他药材入药。

六、市场销售采购信息

1. 洛南县闵农中药材专业合作社

联系人：闵小林

联系电话：13991561998

2. 洛南县秦岭西洋参种植专业合作社

联系人：郭彦川

联系电话：13991406108

3. 洛南县秦源西洋参有限公司

联系人：张亚莉

联系电话：18740585880

丹凤土豆粉条

登录编号：CAQS-MTYX-20200773

一、主要产地

商洛市丹凤县竹林关镇雷家洞村、张塬村等。

二、品质特征

丹凤土豆粉条粗细均匀，无并条、碎条；颜色洁白，有光泽；手感柔韧，有弹性；无肉眼可见的外来杂质。

丹凤土豆粉条水分含量为6.76g/100g，灰分含量为0.7g/100g，淀粉含量为89.2g/100g，主要指标均优于同类产品参照值。

三、环境优势

丹凤县属亚热带半湿润与东部季风暖温带过渡性气候区，四季分明，冬无严寒，夏无酷暑。境内无大型工矿企业，生态环境优良，适宜土豆作物生长。冬季气候干燥，适宜加工土豆粉条及粉条储存。

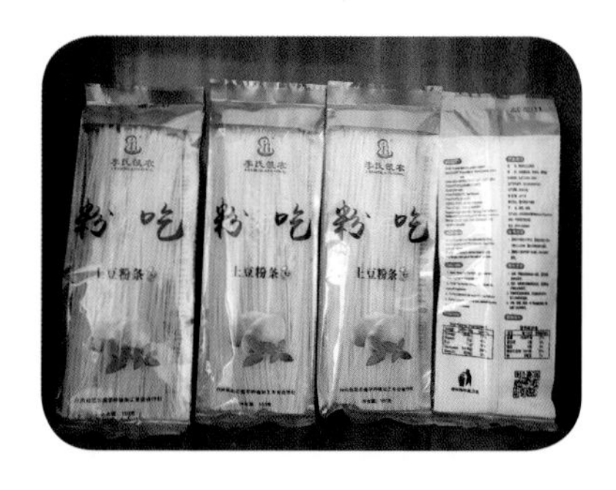

四、收获时间

丹凤土豆收获期为 6—7 月，丹凤土豆粉条全年生产。

五、推荐储藏和食用方法

【储藏方法】于干燥、通风、阴凉处储藏。

【食用方法】适合各种烹饪方法，也可搭配各类食物。

六、市场销售采购信息

陕西李氏凯农生物科技有限公司

联系人：李富磊　联系电话：18392900300

丹凤红薯粉条

登录编号：CAQS-MTYX-20200774

一、主要产地

商洛市丹凤县竹林关镇雷家洞村、张塬村等。

二、品质特征

丹凤红薯粉条粗细均匀，无并条、碎条；颜色呈灰色，透明，有光泽；手感柔韧，有弹性；无肉眼可见的外来杂质；口感筋道，粉味纯正。

丹凤红薯粉条营养价值颇高，内含淀粉、蛋白质、脂肪、糖等人体所需营养物质。其中水分含量为7.57g/100g，淀粉含量为85.5g/100g，铁含量为422mg/kg，上述指标均优于同类产品参照值。

三、环境优势

丹凤县位于陕西东南部、秦岭东段南麓，地理坐标北纬33° 21′ 32″~33° 57′ 4″、东经110° 7′ 49″~110° 49′ 33″，属亚热带半湿润与东部季风暖温带过渡性气候区，年平均气温约13.80℃，降水量687.40mm，无霜期217天。年平均日照时数为2 056h，年总辐射量122.79kcal/cm^2。四季分明，冬无严寒，夏无酷暑，适宜红薯生长。冬季空气干燥，利于粉条加工，风干储存。

四、收获时间

丹凤红薯收获期为11—12月，丹凤红薯粉条全年生产。

五、推荐储藏和食用方法

【储藏方法】于干燥、通风、阴凉处储藏。

【食用方法】适合各种烹饪方法，也可与各类食物搭配。

六、市场销售信息

陕西李氏凯农生物科技有限公司

联系人：李富磊　联系电话：18392900300

丹凤葡萄

登录编号：CAQS-MTYX-20200775

一、主要产地

商洛市丹凤县棣花镇许家塬村、万湾村。

二、品质特征

丹凤葡萄果穗中等大，呈圆锥形；果粒着生中等紧密，饱满呈圆形，颜色均匀分布呈紫红色，着色率达 95% 以上；每果有种子 1~3 粒，肉质坚实，果汁多，甜味足，有浓郁的玫瑰香味。

丹凤葡萄糖含量为 20%，总酸含量为 0.35%，锌含量为 0.743mg/kg，铁含量为 2.12mg/kg，各项指标均优于同类产品参照值，深受消费者喜爱。

三、环境优势

丹凤县位于陕西省东南部，秦岭东段南麓，地理坐标北纬 33°21′32″ ~ 33°57′4″、东经 110°7′ ~110°49′33″，属北亚热带向暖温带过渡的季风性半湿润山地气候区。土壤类型主要为褐土、黄棕壤和在紫色砂页岩上发育而成的紫色土，土壤空隙度一般 50%~55%，pH 值 6.5~7，有机质含量 1.5%，全氮 70mg/kg，速效磷 30mg/kg，速效钾 120mg/kg，非常有利于优质葡萄的种植。

四、收获时间

最佳采收期为中秋节前。

五、推荐储藏和食用方法

【储藏方法】0~3℃温度下冷藏保鲜，保质期 3~5 天。

【食用方法】清洗干净后直接食用，也可作为葡萄酒的酿造原料。

六、市场销售采购信息

1. 陕西丹凤葡萄酒有限公司

联系人：周广仁　联系电话：18991423555

2. 丹凤县棣花镇万湾村水杂果专业合作社

联系人：张延颖　联系电话：15891525533

丹凤绿茶

登录编号：CAQS-MTYX-20200776

一、主要产地

商洛市丹凤县武关镇毛坪村。

二、品质特征

丹凤绿茶条索紧实，尚均匀，净度好，颜色墨；汤色黄绿明亮，清香，尚高爽，火工香；叶底嫩匀有芽，绿明亮，尚匀齐。

丹凤绿茶茶多酚含量为16.7%。游离氨基酸含量为5.49%，维生素C含量为437.97mg/g，主要指标均优于同类产品参照值。

三、环境优势

丹凤县位于秦岭南麓，地处长江流域，属亚热带半湿润与东部季风暖温带过渡性气候区，四季分明，冬无严寒，夏无酷暑。丹凤茶叶主要产地武关镇毛坪村，是中国美丽休闲乡村和全国一村一品（茶叶）示范村，该地地连秦楚，物兼南北，山高清明，水流秀长，森林覆盖率高达90%，雾日天气多、昼夜温差大。所产绿茶生长周期长，具有汤色绿亮透明、香气浓郁持久、口感鲜醇爽口等特点，是中国最北的生态绿茶生产基地。

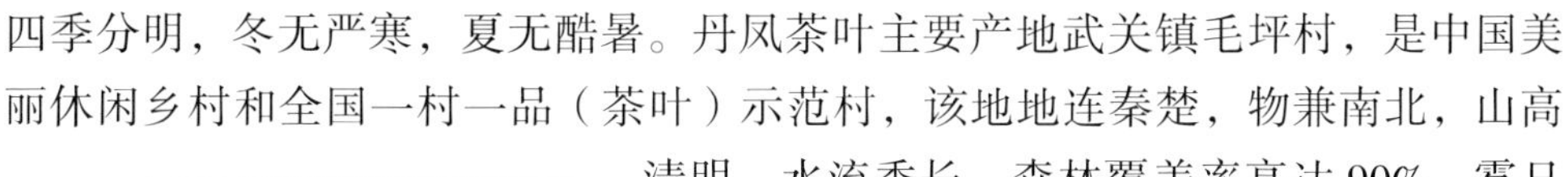

四、收获时间

最佳采摘期为4月前后，全年只采收一次。

五、推荐储藏和食用方法

【储藏方法】密封冷藏保存，5℃下保存一年不会变质。

【食用方法】即冲即饮，冲泡用水建议为天然的泉水，最佳冲泡饮用温度为85℃左右。

六、市场销售采购信息

丹凤秦鼎茶业有限公司

联系地址：陕西省商洛市丹凤县广场南路中段丹凤泉茗

联系人：刘松杨　联系电话：13619148311

丹凤红茶

登录编号：CAQS-MTYX-20200777

一、主要产地

商洛市丹凤县武关镇毛坪村。

二、品质特征

丹凤条索紧实，较匀整，尚净有筋梗，颜色乌褐；汤色红亮，甜香，味醇尚浓；叶底柔嫩，红尚亮。

水浸出物含量为32.4%，茶多酚含量为8.4%，游离氨基酸含量为4.76%，主要指标均优于同类产品参照值。

三、环境优势

丹凤红茶主要产地位于北纬33.3° 的武关镇毛坪村，该地地连秦楚，物兼南北，山高清明，水流秀长。属亚热带半湿润与东部季风暖温带过渡性气候区，年日照时间2 056h，平均气温13.8℃，降水量687.4mm，森林覆盖率90%，雾日天气多、昼夜温差大，所产茶叶生长周期长，具有汤色绿亮透明、香气浓郁持久、口感鲜醇爽口等特点，是中国最北的生态茶叶种植基地。

四、收获时间

以春茶为主，最佳采摘期为4月前后。

五、推荐储藏和食用方法

【储藏方法】通风、干燥、避光、防潮，用专用的茶叶罐或茶袋储藏，防止互相串味。

【食用方法】即冲即饮，冲泡用水建议为天然的泉水，最佳冲泡饮用温度为 85℃左右。

六、市场销售采购信息

丹凤秦鼎茶业有限公司

地址：陕西省商洛市丹凤县广场南路中段丹凤泉茗

联系人：刘松杨　联系电话：13619148311

丹凤魔芋精粉

登录编号：CAQS-MTYX-20200778

一、主要产地

商洛市丹凤县竹林关镇雷家洞村、张塬村等。

二、品质特征

丹凤魔芋精粉均匀细腻，呈乳白色，有极少量的黑色颗粒，有轻微魔芋的鱼腥气味和酒精气味，具有魔芋精粉的固有产品外在特征。

丹凤魔芋精粉水分含量为11.6%，钙含量为128mg/100g，钾含量为1 780mg/100g，黏度（4号转子，12r/min，30 ℃）含量为20 608MPa·s，主要指标均优于同类产品参照值。

三、环境优势

丹凤魔芋主要产地位于竹林关镇雷家洞、张塬等村。产地山岭连绵，河谷纵横，属于亚热带半湿润与东部季风暖温带过渡性气候区，平均气温约13.80℃，降水量687.40mm，无霜期217天。年平均日照时数为2 056h，年总辐射量122.79kcal/cm^2，森林覆盖率70%，四季分明，冬无严寒，夏无酷暑，适宜魔芋生长。

四、收获时间

丹凤魔芋收获期为10—12月，丹凤魔芋精粉全年生产。

五、推荐储藏和食用方法

【储藏方法】于干燥、通风、避光环境下储藏。

【食用方法】可加工成魔芋挂面、魔芋凉皮、魔芋酸辣粉等食品。

六、市场销售信息

陕西李氏凯农生物科技有限公司

联系人：李富磊　联系电话：18392900300

丹凤核桃

登录编号：CAQS-MTYX-20210203

一、主要产地

商洛市丹凤县棣花镇许家塬村。

二、品质特征

丹凤核桃果形大小均匀，形状一致；外壳自然黄白色，壳较厚，壳面洁净，光滑美观，横径 35~55mm，缝合线紧密；果实椭圆形，果基较平，种仁饱满，取仁方便，色黄白，涩味淡，含油率 60% 以上，品质上佳。

丹凤核桃蛋白质含量为 16.2g/100g，脂肪含量为 62.6g/100g，钙含量为 76.1mg/100g，磷含量为 336mg/100g，以上指标均优于同类产品参照值。

三、环境优势

丹凤县位于陕西省东南部，秦岭东段南麓，属亚热带至温暖带的过渡区，气候温和，光照充足，雨量充沛，四季分明，年平均气温 13.8℃，降水量 687.4mm，无霜期 217 天。主要地带土壤为棕壤、红棕壤和褐土，其中以棕壤最多。全境山岭连绵，河谷纵横，森林覆盖率高达 70%，林业用地 264 万亩。特殊的生态环境为核桃的生长提供了得天独厚的自然条件，是核桃生长的最佳区域之一。

四、收获时间

收获期为 8 月中旬。

五、推荐储藏和食用方法

【储藏方法】干果适宜在通风、阴凉、光线不直接照射、温度20℃以下的环境下保存；鲜品可冷藏保鲜。

【食用方法】生食、熟食、加工，可与各类食物搭配食用。

六、市场销售采购信息

1. 陕西天宇润泽生态农业有限责任公司

联系人：詹延延　联系电话：15394147018

2. 商洛市丹凤县扶贫产品直营店

联系人：付亚鹏　联系电话：13319146338

丹凤肉鸡

登录编号：CAQS-MTYX-20210204

一、主要产地

商洛市丹凤县龙驹寨街道办事处、商镇、棣花镇、武关镇等 12 个镇（办）。

二、品持特征

丹凤肉鸡鸡头较大，体型丰满，挺拔美观，体躯椭圆，背宽平，腿粗长，两翅紧附于体躯；肌纤维致密有弹性，经指压后凹陷部位立即恢复原位，切面湿润不粘手，其肌肉颜色鲜红有光泽，鸡皮呈乳白色；肉质鲜美，入口筋道，有鸡肉独有的口感。

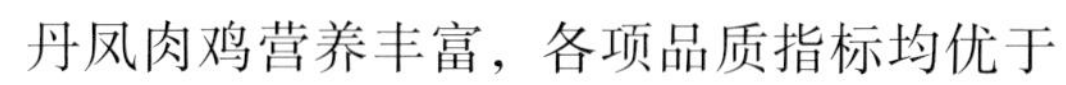

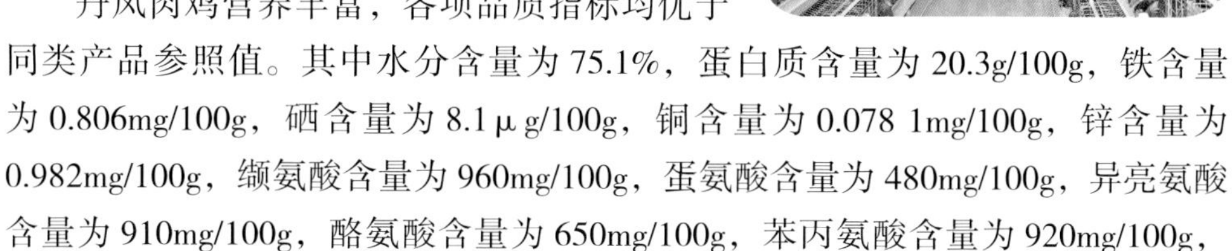

丹凤肉鸡营养丰富，各项品质指标均优于同类产品参照值。其中水分含量为 75.1%，蛋白质含量为 20.3g/100g，铁含量为 0.806mg/100g，硒含量为 8.1 μg/100g，铜含量为 0.078 1mg/100g，锌含量为 0.982mg/100g，缬氨酸含量为 960mg/100g，蛋氨酸含量为 480mg/100g，异亮氨酸含量为 910mg/100g，酪氨酸含量为 650mg/100g，苯丙氨酸含量为 920mg/100g，组氨酸含量为 640mg/100g，多饱和脂肪酸占总脂肪酸的 46.0%。

三、环境优势

丹凤县位于秦岭山脉南端，山岭连绵，河谷纵横，山清水秀，森林覆盖率达 90% 以上，氧离子含量非常高，素有天然氧吧之称。肉鸡养殖基地位于秦岭之南深山中，海拔较高，昼夜温差大，肉鸡生长速度慢，与其他产地肉鸡相比，具有生长周期长、肉质鲜而筋道的特点。

四、收获时间

丹凤肉鸡饲养周期 50~60 天，此时肉质最佳。全年可收获。

五、推荐储藏和食用方法

【储藏方法】可冷藏保鲜，保质期 2~3 天；也可冷冻保存，保质期 12 个月。

【食用方法】

1. 红烧鸡块　将鸡肉洗干净，剁成合适的小块，凉水下锅，去掉浮沫，水烧开后捞出，沥干待用；起锅烧油，油热后倒入鸡块，中小火将鸡块煎一下，直至鸡块表面微黄，放入姜蒜煸香，加盐、糖、老抽和料酒，翻炒均匀；开大火翻炒数分钟，加入适的清水，水没过鸡块即可，放入青红椒和洋葱，大火烧开，中火烧 20min 后，转大火收汁，汤汁浓稠时即可出锅。

2. 清蒸鸡　整鸡洗净，用姜擦一下；葱姜切段，红枣洗净、浸泡 10min；锅中加水，放入鸡和葱、姜、红枣和盐、胡椒粉等佐料，大火烧开转小火炖 1h 左右；盛出后撒上葱花，即可食用。

六、市场销售采购信息

1. 丹凤县华茂牧业科技发展有限责任公司

联系人：杨　锟　联系电话：13669289188

2. 丹凤县华茂生态鸡养殖专业合作社

联系人：余凤珍　联系电话：0914-3325888

丹凤蜂蜜

登录编号：CAQS-MTYX-20210205

一、主要产地

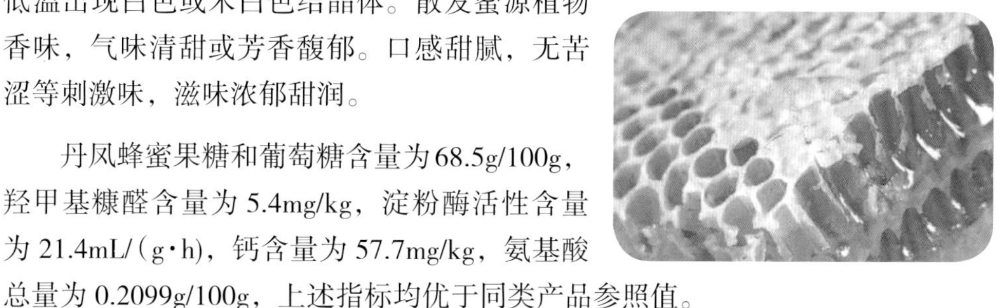

商洛市丹凤县龙驹寨街道办事处等 8 个镇（办）86 个村。

二、品质特征

丹凤蜂蜜呈琥珀色，常温下呈浓稠流体状，不含蜜蜂肢体、幼虫、蜡屑及其他肉眼可见杂质，低温出现白色或米白色结晶体。散发蜜源植物香味，气味清甜或芳香馥郁。口感甜腻，无苦涩等刺激味，滋味浓郁甜润。

丹凤蜂蜜果糖和葡萄糖含量为68.5g/100g，羟甲基糠醛含量为 5.4mg/kg，淀粉酶活性含量为 21.4mL/（g·h），钙含量为 57.7mg/kg，氨基酸总量为 0.2099g/100g，上述指标均优于同类产品参照值。

三、环境优势

丹凤县位于陕西省东南部，地处秦岭腹地，属亚热带半湿润与东部季风暖温带过渡性气候区，年日照时间 2 056h，平均气温 13.8℃，降水量 687.4mm，无霜期 217 天，适宜各类动植物生长，花草资源丰富，气候、湿度、空气指数均适合中华蜂生长，所产蜂蜜品质地道、口味独特，属营养保健、医药食品中之珍品。

四、收获时间

收获期为 5—10 月。

五、推荐储藏和食用方法

【储藏方法】储藏环境应干净、清洁、通风、无异味，盛装蜂蜜的容器最好选用玻璃瓶、瓷器、塑料瓶等非金属容器。在 -10℃以下的环境下，蜂蜜容易转变为不同程度的结晶，但不会影响其营养成分和食用价值。

【食用方法】可直接食用，也可用 60℃开水冲泡饮用，加入柠檬口味更佳。

六、市场销售采购信息

1. 陕西秦珠峰业有限责任公司

联系人：刘力瑗　联系电话：15991251669

2. 丹凤县野山养蜂专业合作社

联系人：张　敏　联系电话：13992424131

丹凤鸡蛋

登录编号：CAQS-MTYX-20210949

一、主要产地

陕西省商洛市丹凤县商镇、龙驹街办、武关镇、棣花镇。

二、品质特征

丹凤鸡蛋外壳光滑、干净，呈规则卵圆形，大小均匀，蛋壳颜色呈浅粉白色或浅棕色，蛋壳坚韧厚实，蛋白澄清透明、稀稠分明，略带黄色，蛋黄色泽金黄、占比大。

丹凤鸡蛋品质上乘，蛋白质含量为 13.2g/100g，铁含量为 1.84mg/100g，锌含量为 1.27mg/kg，硒含量为 25μg/100g，维生素 E 含量为 6.34mg/100g，主要指标均优于同类产品参照值。

三、环境优势

丹凤县位于秦岭南麓，地连秦楚、物兼南北，山高清明、水流秀长，资源丰富。属亚热带半湿润与东部季风暖温带过渡性气候区，年日照时间 2 056h，平均气温 13.8℃，降水量 687.4mm，无霜期 217 天，冬无严寒、夏无酷暑，适宜各类动植物生长。丹凤鸡蛋生产基地主要在北纬 33.3° 的商镇、龙驹街办、武关、棣花等镇，这里生长着最适宜作为鸡饲料的黄玉米、大豆、商山松针、大枣及秦岭野艾等作物，为蛋鸡提供了优质的散养生活环境。

四、收获时间

全年均可收获。

五、推荐储藏和食用方法

【储藏方法】丹凤鸡蛋在 2~5℃下冷藏保鲜最佳，可保存 1 个月。

【食用方法】丹凤鸡蛋适合各种烹饪方法，如煎、炒、蒸、煮。

六、市场销售采购信息

1. 丹凤县山凹凹生态农牧业发展有限公司

联系人：彭虎存　联系电话：13299188038

2. 丹凤县未来绿色农牧开发有限公司

联系人：刘萍萍　联系电话：1320914438

商南茶

登录编号：CAQS-MTYX-20200418

一、主要产地

商洛市商南县富水镇、试马镇、青山镇、城关街道办事处等镇（办）。

二、品质特征

商南茶选用清明前后一芽一二叶为原料，具有外形紧秀弯曲或扁平光直、白毫显露，汤色嫩绿、清澈明亮、叶底黄绿明亮。

商南茶内含物质丰富，氨基酸含量为4.9g/100g，茶多酚含量为16.4%，维生素C含量为79.5mg/100g，水浸出物含量为36.9%，锌含量为5.3mg/100g。上述指标均优于同类产品参照值。商南茶营养丰富，长期坚持饮茶能防龋齿、清口臭、抗衰老、降脂助消化、抵抗病毒、利尿解乏、提神醒脑，可有效降低动脉硬化和心血管疾病发生率。

三、环境优势

商南县位于秦岭山脉东南，是全国西部茶区最北端，气候温和，风光旖旎，物阜民淳，四季分明，素有“大秦岭的封面”之称。春季干旱少雨及昼夜温差大的特点，促进了茶叶良好生长，冬季积雪凌冻，抑制了虫卵越冬、病菌的繁衍生长。境内土地肥沃，土层深厚、质地疏松，土壤中富含铁、硒、锌等人体所需的微量元素。水质为中等硬度，pH值5.5~6.5，呈弱酸性。独特的生态环境和气候条件，孕育了商南茶“香高、汤绿、味浓、耐泡、回甜”的特点。

四、收获时间

收获期为3月底至5月初，以清明前的毛尖茶为最佳。

五、推荐储藏和食用方法

【储藏方法】

1. 低温冷藏。5℃以下冰箱冷藏，此法为最佳储藏方式，可减缓茶叶陈化、劣变的速度。

2. 真空包装储藏。茶叶装入包装袋，抽出包装中的空气，达到预定真空度后封口储藏。

3. 罐装储存。将茶叶装入铁罐、不锈钢罐或质地密实的锡罐，密封后存于通风、干燥、避光处。

【食用方法】80~90℃开水冲泡饮用。用水以山泉水为最佳，次之矿泉水。茶具最好选用玻璃杯或者白瓷杯，无须用盖，可增加透明度，便于赏茶观姿。饮茶前，先闻其香，再品茶味，绿茶冲泡一般以 2~3 次为宜。

六、市场销售采购信息

1. 陕西省商南县金丝茶业发展有限公司

联系人：张光斌　联系电话：0914-6325999

2. 商南县沁园春茶业有限责任公司

联系人：何　苗　联系电话：15353913200

3. 陕西省商南县茶叶联营公司

联系人：陈洪涛　联系电话：13909142728

4. 陕西恩普农业开发有限公司

联系人：罗　印　联系电话：18009209708

5. 商南县富泉地产品开发专业合作社

联系人：陈永前　联系电话：18091415779

商南红茶

登录编号：CAQS-MTYX-20200419

一、主要产地

商洛市商南县富水镇、试马镇、青山镇、城关街道办事处等镇（办）。

二、品质特征

商南红茶外形紧秀弯曲，细紧匀齐，色泽乌黑油润；汤色红艳明亮，茶香浓郁，滋味醇厚甘爽，香气馥郁持久。

商南红茶内含物质丰富，茶多酚含量为8.7%，维生素C含量为3.6%，水浸出物含量为46.6%，锌含量为64mg/kg。主要指标均优于同类产品参照值。

三、环境优势

商南县位于秦岭山脉东南，是全国西部茶区最北端，四季分明，风光旖旎，物阜民淳，素有“大秦岭的封面”之称。土壤在地理分布上具有明显的水平地带性和垂直地带性特点，以黄棕壤、棕壤、潮土、新积土为主，土质肥沃，土层深厚、质地疏松，pH值5.5~6.5，富含铁、硒、锌等人体所需的微量元素，非常适合茶叶生长。区域内气候温和，光照充足，年平均气温14.6℃，年降水量800mm，无霜期216天，春季干旱少雨，冬季积雪凌冻，抑制了越冬虫卵和病菌的繁衍生长，茶叶种植过程中可几乎不使用任何农药。受昼夜温差大，低温和降水量偏低的影响，红茶内含有效营养成分高，汤色红艳明亮，滋味醇厚甘爽。

四、收获时间

以春茶为主，采收时间为4—5月。

五、推荐储藏和食用方法

【储藏方法】用包装袋或专用容器密封，放于干燥、通风、避光的地方，可保存两年。开封后未使用完的红茶保质期为 3 个月。

【食用方法】80~90℃开水冲泡饮用，以山泉水为最佳，次之矿泉水。茶具最好选用玻璃杯或者白瓷杯，无须用盖，可增加透明度，便于赏茶观姿。饮茶前，先闻其香，再品茶味。

六、市场销售采购信息

1. 商南县沁园春茶业有限责任公司

联系人：何　苗　联系电话：15353913200

2. 陕西省商南县茶叶联营公司

联系人：陈洪涛　联系电话：13909142728

3. 商洛市秦岭红生态茶业开发有限公司

联系人：董春梅　联系电话：13991567770

商南黑猪

登录编号：CAQS-MTYX-20200779

一、主要产地

商洛市商南县赵川镇店坊河社区。

二、品质特征

商南黑猪耳大嘴长，毛粗密，通体黑色。猪肉色泽鲜红，光泽度好，肌肉质地坚实，纹理致密。

商南黑猪肉对人体有极高的营养价值及保健作用，其中蛋白质含量为15.3g/100g，脂肪含量为20.2g/100g，挥发性盐基氮含量为8.16mg/100g，钙含量为7.54mg/100g，维生素 B_1 含量为0.499mg/100g。钙及维生素 B_1 含量显著高于其他猪种，脂肪含量低于普通猪肉。

三、环境优势

商南县又名“鹿城”，地处秦岭南麓东段，属暖温带向北亚热带过渡性季风气候区，农作物主要有小麦、玉米、谷子、豆类、甘薯、南瓜等。黑猪主要养殖基地赵川镇环境优美，四季分明，雨量充沛，阳光充足，植被覆盖率高，极适宜放牧养殖畜禽动物。温和湿润的气候，丰富多样的物种，为养殖黑猪提供了良好的生态环境和饲料条件，使黑猪充分摄取维生素、铁等多种微量元素，具有体格健壮，肉质好，抗疾病能力强的特点。

四、收获时间

商南黑猪全年出栏。

五、推荐储藏和食用方法

【储藏方法】可冷藏保鲜或冷冻保存。0~4℃冷藏可保存2~3天，-18℃以下冷冻可保存6个月。

【食用方法】蒸、煮、炒、炸。

1. 农家小炒肉　将五花肉切成薄片，青红椒备用；坐锅点火，倒油加热，下花椒炸香；加入五花肉煸炒，再放入干辣椒和葱姜蒜继续煸炒；放入青红椒翻炒至熟；加入盐、生抽等调料，即可出锅。

2. 红烧肉　五花肉洗净切块，姜切片备用；锅中倒入适量清水，冷水下锅，加入五花肉和适量料酒，大火煮开后撇去浮沫，捞出备用；将炒锅微微烧热，倒入适量食用油，加入冰糖，小火煸炒至冰糖全部融化，从锅底开始向上冒黄色小炮时即可；将五花肉倒入锅内转中火，快速翻炒，裹上糖色后放入姜片继续翻炒；加入适量的酱油翻炒均匀后，倒入热水，放入适量的盐、八角，大火烧开后转温火，炖 40min 左右收汁即可。

六、市场销售采购信息

1. 商洛市秦川猪生态实业有限公司

联系人：朱秦川　联系电话：13325345888

2. 商南县丰源托佩克种猪有限公司

联系人：卢　凡　联系电话：13309145943

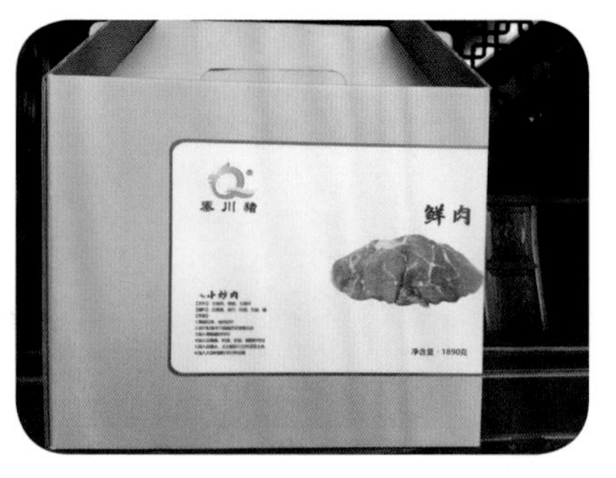

商南鸡蛋

登录编号：CAQS-MTYX-20200780

一、主要产地

商洛市商南县富水镇、试马镇等镇村。

二、品质特征

商南鸡蛋呈椭圆形，蛋壳颜色呈浅褐色，蛋壳较厚，不易碎，磕开后蛋清纯净透明且浓稠，蛋黄成金黄色大且饱满。

商南鸡蛋钙含量为65.8mg/100g，铁含量为2.62mg/100g，硒含量为25.36μg/100g，维生素E含量为2.25mg/100g。内在品质钙、铁、硒、维生素E等指标均优于同类产品参照值。

三、环境优势

商南县属于亚热带，地表结构复杂，空气清新，森林覆盖率高，植被类型多种多样，是天然的花园式畜牧养殖场所，为散养土鸡提供了优良的生长环境。同时，土鸡饮用天然的秦岭山麓清泉，纯天然的地下矿水，保证了土鸡富含有丰富的钙、铁、锌等矿物质元素，产出的鸡蛋营养均衡，满足人体日常所需的各种营养元素。

四、收获时间

商南鸡蛋全年生产。

五、推荐储藏和食用方法

【储藏方法】冷藏保鲜是最佳储存方法，在1~2℃下可储藏半年以上。

【食用方法】

1. 蒸鸡蛋　鸡蛋若干，温水一碗，把鸡蛋打入碗中搅拌均匀，放入少许盐，再倒入温水搅拌，盖上保鲜膜，用中火蒸 14min，蒸好后撒葱花，淋酱油和香油，即可食用。

2. 西红柿炒鸡蛋　鸡蛋打入碗中，调入适量盐，添加蛋液 1/3 左右的清水，充分搅拌均匀；西红柿洗净后切成小块；锅热油，油热后倒入蛋液翻炒，炒好后盛出待用；重起油锅，倒入西红柿，中火翻炒，调入少许白糖，西红柿的汤汁全部炒出之后，倒入鸡蛋，快速炒匀，撒入少许葱花即可。

六、市场销售采购信息

1. 商南县金蛋生态农业发展有限责任公司

联系人：胡冰涛　联系电话：18609140699

2. 陕西景程农牧科技发展有限公司

联系人：周　涛　联系电话：15591970007

商南红薯粉条

登录编号：CAQS-MTYX-20210206

一、主要产地

商洛市商南县金丝峡镇姚楼村、城关街道办事处石垭子村等村。

二、品质特征

商南红薯粉条色泽呈灰白色，粉条呈条形，粗细均匀，无并条，无肉眼可见杂质；温水浸泡、沸水煮后呈半透明状，弹性好，入口筋道润滑，不黏牙，适口性好。

商南红薯粉条营养丰富，钙含量为85.6g/100g，蛋白质含量为26.6g/100g，磷含量为676mg/100g，上述指标均优于同类产品参照值。

三、环境优势

商南县位于陕西省东南部，地处秦岭南麓，大巴山北坡，属于长江流域汉江水系丹江中游地区，中纬度偏南地带，亚热带季风性气候。由于北有秦岭天然屏障，阻挡寒潮不易侵入，致使气候温暖，雨量充沛，四季分明，冬无严寒，夏无酷暑，年平均温度14℃。境内植被茂盛，空气清新，环境优美，森林覆盖率达54.7%。土壤主要为微酸性沙壤土，pH值5.5~6.5，土层深厚、质地疏松、土壤中富含铁、锌等微量元素，是红薯最佳适生区。

四、收获时间

商南红薯收获期为10—11月，红薯粉条全年加工。

五、推荐储藏和食用方法

【储藏方法】应保存在干燥、阴凉、通风的地方，避免阳光直接照射。

【食用方法】适合于各类食物搭配烹饪。

六、市场销售采购信息

1. 商南县姚家楼子薯业开发专业合作社

联系人：姚永超

联系电话：15596278666

2. 商南县金丝薯芋开发专业合作社

联系人：吴道焰

联系电话：13991418963

3. 商南县清河薯业专业合作社

联系人：陈世海

联系电话：15002963218

商南猕猴桃

登录编号：CAQS-MTYX-20210207

一、主要产地

商洛市商南县富水镇洋淇村、马家沟村、王家楼村。

二、品质特征

商南猕猴桃果型整齐一致，果实形状呈长卵圆形和圆柱形，外皮呈绿褐色，果皮表面棕黄色或者淡黄色，果皮表面有柔毛。横切面半径约为3cm，其内是亮绿色果肉和多排黑色种子。

商南猕猴桃营养价值高，维生素C含量为63mg/100g，镁含量为15.3mg/100g，可溶性固形物含量为6.6%，各项指标均优于同类产品参照值。商南猕猴桃有增强抵抗力和免疫力，调节细胞内的激素和神经传导的功效，能够帮助消化、预防便秘，稳定情绪、镇静心情。

三、环境优势

商南县位于北纬33°6~33°44，秦岭山脉东南，鄂、豫、陕三省交会处，是我国南水北调京津水源涵养区。气候温和，四季分明，光照充足，夏无酷暑，冬无严寒，年平均气温14.6℃，年平均降水量800mm左右，无霜期216天。水质为中等硬度，土壤深厚80cm以上，肥沃疏松，土壤中富含铁、锌等微量元素，是猕猴桃的最佳适生区。

四、收获时间

成熟期9—10月，最佳品质期为10月上旬。

五、推荐储藏和食用方法

【储藏方法】商南猕猴桃可在5℃冰箱保鲜1个月，长期储藏温度控制在-0.5~1℃。

【食用方法】成熟采收的猕猴桃，需经过5~7天后熟期，果肉充分软熟后，方可剥皮直接食用。

六、市场销售采购信息

1. 商南县佳亿德果业有限责任公司

联系人：张典龙　联系电话：15382362966

2. 商南县立果猕猴桃专业合作社

联系人：朱正武　联系电话：15829560388

商南香菇

登录编号：CAQS-MTYX-20210208

一、主要产地

商洛市商南县富水镇黑漆河村、金丝峡镇白玉河口村等。

二、品质特征

商南香菇外形圆整，肉质肥厚，自然清香，菇盖厚，菌盖呈半球形，菌盖直径 2.8~3.2cm，菌盖边缘内卷，且贴近菌柄；菌盖呈淡褐色，菌褶、菌柄呈米白色；菌柄与菌盖持平，无肉眼可见杂质。

商南香菇钙含量为 85.6g/100g，蛋白质含量为 26.6g/100g，磷含量为 676mg/100g，各项指标均优于同类产品参照值。具有降血压、降胆固醇、降血脂的作用，可预防动脉硬化、肝硬化等疾病。

三、环境优势

商南县位于秦岭南麓，地处长江流域汉江水系之丹江中游，属亚热带季风

性气候，年平均气温 13.6℃，四季分明，气候温暖，环境优良，雨量充沛，森林覆盖率达 61.6%，是天然氧吧，被誉为“大秦岭的封面”。境内无工业污染源，水资源充足，生态环境优良，是香菇的最佳适生区。

四、收获时间

收获期为 9 月至翌年 2 月。

五、推荐储藏和食用方法

【储藏方法】鲜菇在 5℃可冷藏保存 15 天左右，干菇密封避光储藏。

【食用方法】烹饪方式多样，可爆炒、煲汤、凉拌。

香菇粉丝煲　粉丝清水浸泡 15min 至变软；姜、蒜、葱切末，红椒切片备用；煎锅加热入油，加入姜、蒜爆炒；再加入虾至虾开始变红；锅中先放入粉丝，再将虾和香菇放在上面；加入盐、酱油、料酒和清水适量，加热 5min，撒上葱末和椒片即可出锅。

六、市场销售采购信息

1. 商南县金丝聚源食用菌专业合作社

联系人：田国太

联系电话：13259185666

2. 商南县本胜食用菌种植专业合作社

联系人：胡本胜

联系电话：15891093335

山阳天麻

登录编号：CAQS-MTYX-20200781

一、主要产地

商洛市山阳县两岭镇、高坝店镇、中村镇、银花镇、王闫镇、延坪等7镇的马鹿坪等51个村。

二、品质特征

山阳天麻，呈椭圆形，略扁，皱缩而稍弯曲，长5.04~14.21cm，宽2.52~5.05cm，厚0.94~1.70cm。顶端有红棕色芽苞，习称“鹦哥嘴”或带有茎基习称“红小辫”。表面黄白色至黄棕色，有纵皱纹及由潜伏芽排列而成的横环纹多轮，习称“芝麻点”，可见棕褐色菌索；另端有圆脐形疤痕。质坚硬，不易折断，断面较平坦，黄白色至淡棕色，角质样。

山阳天麻含有丰富的天麻素和对羟基苯甲醇，其总含量为0.751%，二氧化硫实测值为3.3mg/kg，水分实测值为12.6%，总灰分实测值为2.25%，浸出物实测值为23.7%，均优于同类产品参照值。

三、环境优势

山阳天麻是农产品地理标志登记保护产品，产于秦岭南麓的山阳县。辖内平均海拔1 100m，典型的山地气候特征，年均气温13.1℃，年均降水量709mm，降水主要分布在7—9月，与天麻块茎膨大期一致。这里夏季凉爽，昼夜温差大，森林覆盖率64%，凉爽、荫蔽的自然环境最适宜天麻生长。产区林地资源丰富，大面积的高山树林，保障了天麻栽培所需的优质菌材。山间林地土壤多以砂壤土和棕壤为主，枯枝落叶层较厚，微酸性，富含有机质，利于蜜环菌孢子停留萌发和天麻块茎膨大。

四、收获时间

收获期为 11 月至翌年 4 月。

五、推荐储藏和食用方法

【储藏方法】鲜天麻冷藏为佳；制干后的天麻放置于 10℃条件下即可。

【食用方法】山阳天麻是食药同源产品，可研末冲服或煲汤，天麻炖鸡汤可治疗偏头疼，也可搭配其他药材入药。

六、市场销售采购信息

1. 陕西秦泰中药材贸易有限公司

联系人：彭　鹏　联系电话：17382555551

2. 山阳县络亿农业科技有限公司

联系人：刘强财　联系电话：18009149040

3. 山阳县土疙瘩天麻有限公司

联系人：闵向阳　联系电话：17729268070

4. 山阳县惠农源种植专业合作社

联系人：鱼洋踊　联系电话：18829148885

山阳黄芩

登录编号：CAQS-MTYX-20200782

一、主要产地

商洛市山阳县城关街道办事处、十里铺街道办事处、两岭镇、高坝店镇等 7 个镇（办）的岭北、王庄等 20 个村。

二、品质特征

山阳黄芩系多年生草本，外形呈圆锥形，扭曲，表面棕黄色，有稀疏的疣状细根痕，上部较粗糙，有扭曲的纵波纹，下部有顺纹和细皱纹。质硬而脆，易折断，断面黄色，中心红棕色；老根中心中空，暗棕色。

山阳黄芩浸出物含量为 54.76%，黄芩苷含量为 13.0%，水分含量为 11.16%，总灰分含量为 5.68%，各项内在品质指标均优于同类产品参照值，具有很高的药用价值。

三、环境优势

山阳县地处秦岭南麓，属北亚热带向暖温带过渡的季风性半湿润山地气候，气候温和，四季分明，雨量充沛，无霜期长，是黄芩最佳适生区。山阳北有流岭，中有鹘岭，南有郧岭，境内群山环绕，森林面积 373 万亩，森林覆盖率 64%，具有黄芩适生的生态环境。山阳交通便利，区位优势明显，是连接“一带一路”和长江经济带的重要节点城市，优越的区位优势促进了黄芩产业可持续发展。

四、收获时间

收获期为 8—9 月。

五、推荐储藏和食用方法

【储藏方法】将包装好的黄芩储藏于干燥、通风的空间，储藏处垫高 50cm，利于通风防潮。

【食用方法】食用、药用。

六、市场销售采购信息

1. 山阳县络亿农业科技有限公司

联系人：刘祥明　联系电话：18009142211

2. 山阳县兴茂园林绿化有限公司

联系人：王忠彦　联系电话：13324664887

山阳连翘

登录编号：CAQS-MTYX-20200783

一、主要产地

商洛市山阳县西照川镇、王阎镇、中村镇、两岭镇、高坝店镇、天竺山镇、色河铺镇等7镇的冻子沟等86个村。

二、品质特征

山阳连翘呈长卵形，稍扁，长1.6~2.4cm，直径0.6~1.2cm，表面有不规则的纵皱纹和多数突起的小斑点，两面各有1条明显的纵沟。顶端锐尖，基部有小果梗或已脱落，青翘多不开裂，表面绿褐色，突起的灰白色小斑点较少；质硬；种子多数黄绿色，细长，一侧有翅。

山阳连翘味微苦，有清热解毒、消肿散结、清心利尿等功效。挥发油含量为2.25%，总灰分含量为2.84%，浸出物含量为47.82%，连翘苷含量为0.79%，连翘酯苷含量为12.7%。各项指标均优于同类产品参照值。

三、环境优势

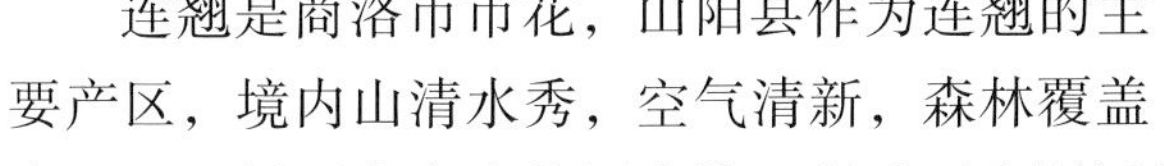

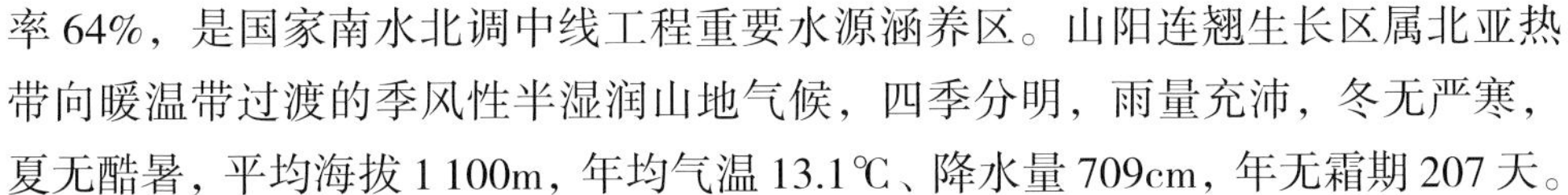

连翘是商洛市市花，山阳县作为连翘的主要产区，境内山清水秀，空气清新，森林覆盖率64%，是国家南水北调中线工程重要水源涵养区。山阳连翘生长区属北亚热带向暖温带过渡的季风性半湿润山地气候，四季分明，雨量充沛，冬无严寒，夏无酷暑，平均海拔1 100m，年均气温13.1℃、降水量709cm，年无霜期207天。

四、收获时间

最佳收获期为10月。

五、推荐储藏和食用方法

【储藏方法】置于通风、干燥处，注意防霉，防蛀。

【食用方法】食用、药用。

1. 菊花连翘清热汤　菊花、连翘各 12g，生干草 5g。将以上材料加水煎煮 20min 即可食用。

2. 连翘双花降火除痘茶　连翘 5g，金银花 5g、白菊花 3g。先将连翘捣碎，再放入金银花、白菊花一起混匀装袋，做成茶包。加入热水冲泡 5min 即可饮用。

3. 连翘黑豆粥　大枣、黑豆各 50g，连翘 5g。将大枣、黑豆清洗干净，浸泡 30min，锅内加水，放入连翘、黑豆、大枣，大火煮 3min，水开后文火慢煮，至黑豆烂即可。

六、市场销售采购信息

1. 山阳县络亿农业科技有限公司

联系人：刘祥明　联系电话：18009142211

2. 山阳县海银种养殖专业合作社

联系人：李海银　联系电话：13325345450

山阳猪苓

登录编号：CAQS-MTYX-20200784

一、主要产地

商洛市山阳县西照川镇、王阎镇、中村镇、高坝店镇、天竺山镇、城关街道办事处、两岭镇等 7 个镇（办）的龙泉等 13 个村。

二、品质特征

山阳猪苓菌核体呈块状或不规则形状，表面为棕黑色或黑褐色，有许多凸凹不平的瘤状突起及皱纹。内面近白色或淡黄色，干燥后变硬，整个菌核体由多数白色菌丝交织而成；菌丝中空，直径约 3mm，极细而短。子实体生于菌核上，伞形或伞状半圆形，常多数合生，半木质化，直径 5~15cm 或更大，表面深褐色，有细小鳞片，中部凹陷，有细纹，呈放射状，孔口微细，近圆形；担孢子广卵圆形至卵圆形。呈扁块状，有的有分枝，长 6~18cm，直径 3~5cm。表面棕黑色，皱缩。体轻，质硬，断面黄白色，略呈颗粒状。

山阳猪苓麦角甾醇（$C_{28}H_{44}O$）实测值 0.145%，粗蛋白实测值 11.9%，粗脂肪实测值 2.0%，水分实测值 11.8%，内在品质指标均优于同类产品参照值，具有很高的药用价值。

三、环境优势

山阳猪苓主产区位于秦岭南麓，属北亚热带向暖温带过渡的季风性半湿润山地气候，平均海拔 1 100m，年均气温 13.1℃、降水量 709mm，年无霜期 207 天。境内四季分明，雨量充沛，山清水秀，空气清新，森林覆盖率达到 68%，是国家南水北调中线工程重要水源涵养区。

四、收获时间

收获期为 11 月。

五、推荐储藏和食用方法

【储藏方法】将收获的猪苓去杂刷洗干净，在日光下自然筛干，用麻袋或竹箩装，放干燥处保存。

【食用方法】山阳猪苓是一种十分珍贵的中药材，具有抗菌、利尿、抗辐射作用，可以直接冲泡、煲汤，也可入药。

六、市场销售采购信息

1. 山阳县络亿农业科技有限公司

联系人：刘祥明　联系电话：18009142211

2. 山阳县旺旺中药材专业合作社

联系人：周升旺　联系电话：13399146382

山阳核桃

登录编号：CAQS-MTYX-20200785

一、主要产地

商洛市山阳县城关街道办事处、十里铺街道办事处、高坝店镇、中村镇、银花镇、色河铺镇、板岩镇、杨地镇等8镇（办）的赵塬等24村。

二、品质特征

山阳核桃果大、皮薄、仁饱、油多；果壳表面呈黄褐色，大小均匀，形状一致；果仁色黄白，呈脑状，饱满；口味油香滑润，涩味淡，品质佳。

山阳核桃具有抗衰老、益心脏、促进血液循环、增强脑功能等功效，其中蛋白质含量为20.7g/100g，钙含量为127mg/100g，锌含量为2.67mg/100g，铁含量为2.87mg/100g，钠含量为8mg/100g，内在品质指标均优于同类产品参照值。

三、环境优势

山阳县位于陕西省东南部，地理坐标东经109°32′~110°29′、北纬33°9′~33°42′，属于温带半湿润山地气候，平均海拔1 100m，年均降水量709mm，年均气温13.1℃，日照时数2 155h，无霜期207天，土壤类型以黄棕壤和棕壤为主，富含有机质，呈微酸性，非常适宜核桃生长，是全国核桃最佳适生区之一。

四、收获时间

最佳采收获期为8月中旬。

五、推荐储藏和食用方法

【储藏方法】鲜品1~2℃冷藏保鲜；干品在通风、干燥、阴凉、避光环境下保存。

【食用方法】生食、熟食、配菜、加工。

六、市场销售采购信息

1. 山阳县家金贸有限责任公司

联系人：王书毅　联系电话：13991410322

2. 陕西省智源食品有限公司

联系人：段成明　联系电话：13991485677

山阳绿茶

登录编号：CAQS-MTYX-20200786

一、主要产地

商洛市山阳县漫川关镇、法官镇、延坪镇、南宽坪镇等 4 个镇的枫树等 18 个村。

二、品质特征

山阳绿茶，叶片的形状有椭圆形、披针形，叶脉为闭合式网状叶脉。条索紧细成条，峰苗显露，色泽油绿，清香持久，汤色青绿明亮，滋味甘爽，清香持久，汤色清绿明亮，滋味甘爽，叶底嫩匀完整明亮。

山阳绿茶富含多种营养物质，其中茶多酚含量为 21.5%，锌含量为 53.4mg/kg，水浸出物含量为 44.3%。绿茶中的茶多酚和维生素能有效抑制致癌物质的形成，杀伤癌细胞和提高身体免疫力，还能抵抗辐射伤害。

三、环境优势

山阳县是商洛四大产茶区之一，位于秦岭南麓，属长江流域汉江水系，亚热带向暖温带过渡季风性山地气候，年均气温 13.1℃。地理坐标东经 109°56′~110°09′、北纬 33°11′~33°20′。茶叶生长在平均海拔 1 100m 的高山地带，常年云雾缭绕，植被繁茂，气候温和湿润，雨量充沛，水质清冽。土壤自然肥力高，土层深厚，土体疏松，砂壤质地，通透性能良好，不积水，营养元素丰富而平衡。优越的气候条件和土壤极适于茶叶的生长，是中国最北绿茶区。

四、收获时间

最佳采摘期为清明节前后的 3—4 月。

五、推荐储藏和食用方法

【储藏方法】5℃环境下冷藏保鲜或密封放在阴凉通风的地方储藏，不要阳光直射。

【食用方法】即冲即饮，水温控制在80~90℃，确保茶叶里的养分不会流失，可冲泡3~5次，第二泡口感最佳。

六、市场销售采购信息

1. 山阳县金桥茶业有限公司

联系人：李德全　联系电话：13038530809

2. 陕西福青山茶文化有限公司

联系人：刘海峰　联系电话：18991568098

3. 山阳县茶叶公司

联系人：王　琦　联系电话：18991427066

4. 山阳县天竺源茶业有限公司

联系人：陈　涛　联系电话：15029230173

5. 山阳县红枫茶业专业合作社

联系人：余忠成　联系电话：19929167773

6. 山阳县甭孬茶叶种植专业合作社

联系人：余　东　联系电话：18991465006

7. 山阳县万福茶业有限公司

联系人：江诗兵　联系电话：18391933163

山阳黑木耳

登录编号：CAQS-MTYX-20200787

一、主要产地

商洛市山阳县十里铺街道办事处、小河口镇、两岭镇、色河铺镇、中村镇、高坝店镇等18个镇（办）的98个村。

二、品质特征

山阳黑木耳耳片完整，耳瓣舒展；耳正面平滑，稍有脉状皱纹，呈黑褐色，背面外面呈弧形，暗青灰色，无金属及其他非植物杂质，品质佳。

山阳黑木耳营养丰富，蛋白质含量为15.8g/100g，钙含量为592mg/100g，脂肪含量为2.4g/100g，钠含量为51mg/100g，粗纤维含量为3.1%，上述指标均优于同类产品参照值。

三、环境优势

山阳县地处秦岭南麓，属亚热带向暖温带过渡的季风性半湿润山地气候，年均气温13.1℃，雨量充沛，年平均降水量709mm，降水主要分布在5—10月，与黑木耳生长季节一致。黑木耳主要生产区平均海拔1 100m，森林覆盖率达64%，菌材林自然资源丰富，具有黑木耳优良适生环境和资源优势。

四、收获时间

收获期为3—6月、9—12月，两季采收。

五、推荐储藏和食用方法

【储藏方法】制干的黑木耳用塑料袋密封，放置于通风、避光的地方。

【食用方法】炒食、煲汤、凉拌。

六、市场销售采购信息

1. 陕西诚惠生态农业有限公司

联系人：李泽宁　联系电话：15114875879

2. 山阳县清草地农业发展有限公司

联系人：邱少航　联系电话：13991205633

3. 陕西和丰阳光生物科技有限公司

联系人：段延辉　联系电话：13992097205

山阳香菇

登录编号：CAQS-MTYX-20200788

一、主要产地

商洛市山阳县十里铺街道办事处、小河口镇、两岭镇、户家塬镇、色河铺镇，中村镇，高坝店镇等7镇（办）的井岗村等35个村。

二、品质特征

山阳香菇，鲜菇子实体单生、伞状，菌肉厚而紧实，闻之淡香，食之滑嫩、细腻、鲜美。菌盖直径5~8cm，丰满肥厚，呈浅褐色，部分上布白色裂纹；菌柄中生至偏生，长3~6cm，粗0.5~1.5cm，淡白色。干菇菌盖龟裂花纹棕褐色，菌褶深黄色，扁半球形稍平、规整，部分上布菊花状白色裂纹，菌盖缘翻卷，具有香菇特有的香味。

山阳香菇蛋白质含量为25.3g/100g，粗纤维含量为6.70%，脂肪含量为3.2g/100g，总维生素E含量为5.26mg/100g，内在品质指标均优于同类产品参照值，具有很高的食用价值。

三、环境优势

山阳县位于陕西省东南部，地处秦岭南麓，北部有秦岭主脊天然屏障，形成“冬无严寒，夏无酷暑”的温和气候，属亚热带向暖温带过渡的季风性半湿润山地气候类型。境内雨量充沛、光热资源丰富，无大型工矿企业，山清水秀、空气清新，生态环境十分优越，发展香菇具有得天独厚的自然条件优势。山阳是“八山一水一分田”的土石山区，丰富的林地资源为袋料香菇提供了优质栽培基质。

四、收获时间

山阳香菇的采收时间为农历十月至翌年农历四月。

五、推荐储藏和食用方法

【储藏方法】鲜香菇适宜冷藏保鲜，最佳温度 4~5℃，保质期 7~10 天；干香菇密封放置于常温条件下即可，保质期 1 年左右。

【食用方法】山阳香菇适合多种食用方式，可搭配各类食物烹饪，也可加工成即食食品，口感滑嫩，营养丰富。

六、市场销售采购信息

1. 陕西诚惠生态农业有限公司

联系人：李泽宁　联系电话：15114875879

2. 山阳县金山食用菌专业合作社

联系人：陈开选　联系电话：13991406948

3. 山阳县志诚种养殖专业合作社

联系人：张治飞　联系电话：18391911590

山阳牛肉

登录编号：CAQS-MTYX-20200789

一、主要产地

商洛市山阳县户家塬镇、板岩镇、南宽坪镇、漫川关镇、延坪镇的户家垣、西沟村等15个村。

二、品质特征

岭南黄牛是山阳县的一个地方牛种，已有600年历史，目前存栏0.5万多头。该品种具有胸部发达、四肢粗壮、适应性强、耐粗饲、善爬坡、役用性能强、繁殖性能好等特点，是山阳县宝贵的牛种资源和优良的基因库。山阳牛肉肌肉占大多数，呈正常红色，脂肪占少部分，呈白色。牛肉有弹性，表面微湿润，不粘手，性味甘平，品质佳。

山阳牛肉蛋白质含量为23.4g/100g，铁含量为2.22mg/100g，钙含量为27mg/100g，内在品质指标均优于同类产品参照值。

三、环境优势

山阳县地处秦岭南麓、陕西东南部，境内林丰草茂、植被良好，具有发展生态、高效、安全、优质现代畜牧业先天优势。全县耕地面积39.16万亩，山地面积457.4万亩，有丰富的野草资源，山间处处可见山泉水，非常适合肉牛生长。在饲养过程中牛吃的是山中的玉米、小麦、杂粮、野草，饮的是山间泉水，使牛肉所含营养十分丰富，肉质鲜嫩香美，风味独特。

四、收获时间

全年出栏。

五、推荐储藏和食用方法

【储藏方法】冷藏保鲜可保存 3 天，冷冻储藏可保存 3 个月。

【食用方法】山阳牛肉适合烤、煎、炒、炖等各种烹饪方法，配上佐料，非常美味可口。加工后的山阳牛肉干开袋即食，保质期 180 天，便于携带，是馈赠亲友的精美礼品。

六、市场销售采购信息

1. 陕西意发生态农牧发展有限公司

联系人：左自意　联系电话：13909145569

2. 山阳县秦山绿源生态农牧有限公司

联系人：阮长江　联系电话：13992412005

山阳手工挂面

登录编号：CAQS-MTYX-20210950

一、主要产地

商洛市山阳县中村镇、银花镇、高坝店镇、王闫镇、十里铺街道办事处的上店子等 15 个村。

二、品质特征

山阳手工挂面，色泽纯正，大小均匀一致，无酸味、霉味及其他异味。煮熟后口感筋道润滑，不粘牙，不碜牙。

山阳手工挂面水分含量为 11.3g/100g，蛋白质含量为 13.0g/100g，钙含量为 22.4mg/100g，钾含量为 159mg/100g，内在品质指标均优于同类产品参照值。

三、环境优势

山阳手工挂面是陕西省富有地方特色的传统名特面食品，制作精细，风味独特。主要产地在山阳县中村银花一带，纯手工制作，起源于明清年间，至今已有几百年的历史。2016 年中村挂面被列为商洛市第二批非物质文化遗产，是陕西省电商扶贫特色品牌。山阳手工挂面选用上等面料，经过和料、扯皮、捂条、盘条、上棍、拉丝、扯扑、晾干、切整、包装 10 道严格工序制作而成，具有细如丝、白如雪、晶莹光滑、中心空通、入口滑嫩、味道鲜美、回锅不糊汤等特点。

四、收获时间

10 月至翌年 5 月是山阳手工挂面的生产时间。

五、推荐储藏和食用方法

【储藏方法】放入与挂面长短相宜的密封容器中，常温或冷藏储藏。挂面存放时间不宜过长，防止酸败。

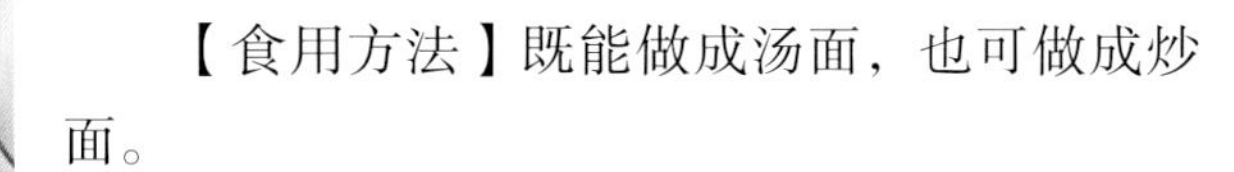

【食用方法】既能做成汤面，也可做成炒面。

1. 番茄鸡蛋挂面汤　番茄洗净，放入沸水中焯烫一下，捞出切成小块待用；锅置火上，加入适量油烧热后，倒入鸡蛋液，翻炒数下，

盛起待用；再次加油热锅，放入番茄翻炒至出汁，加入炒好的鸡蛋和高汤；待高汤煮开后，加入手工挂面及菜心，煮熟后加盐、胡椒粉调味即可食用。

2. 家常炒面　卷心菜切细丝，用清水冲洗干净，沥干水分待用；锅中加入适量清水烧开，放入手工挂面稍稍焯烫，捞出后马上过凉，控干水分后加入少量的油搅拌均匀，以防粘连；另起一锅，倒入适量的油烧热，放入猪肉丝，炒至变色后加入辣椒酱、酱油、盐、鸡粉、料酒略炒；放入卷心菜炒匀，再加入处理好的手工挂面，将所有的材料翻炒均匀；加少许水，盖上锅盖，略焖片刻，即可出锅。

六、市场销售采购信息

1. 商洛市嬴正食品有限责任公司

联系人：谭小奔　联系电话：18292782884

2. 山阳县商山东坡挂面专业合作社

联系人：黄　涛　联系电话：13991500168

3. 山阳县朝安手工挂面专业合作社

联系人：张艺熳　联系电话：18991500168

山阳手工粉条

登录编号：CAQS-MTYX-20210951

一、主要产地

商洛市山阳县城关街道办事处、十里铺街道办事处、高坝店镇、两岭镇、天竺山镇、中村镇、银花镇、西照川镇、王闫镇等18个镇（办）的121个村。

二、品质特征

山阳手工粉条采用山阳县优质甘薯为原料，颜色呈黄褐色，为条状圆粉条、干燥、粗细较均匀。沸水煮后呈半透明状，弹性好，入口筋道，不粘牙，具有久煮不烂、清香可口的特点。

山阳手工粉条水分含量为14.1g/100g，钙含量为103mg/100g，钠含量为9mg/100g，烟酸含量为0.40mg/100g，内在品质指标均优于同类产品参照值。

三、环境优势

山阳县位于秦岭南麓，属长江流域汉江水系，亚热带向暖温带过渡季风性山地气候，年均气温13.1℃，日照时数2 155h，无霜期207天，年均降水量709mm，地理坐标东经109°56′~110°09′、北纬33°11′~33°20′。甘薯主要产地户家塬、南宽坪、漫川关、西照川等镇，平均海拔1 100m，植被繁茂，气候温和湿润，雨量充沛，水质清洌。土壤类型以黄棕壤和棕壤为主，土层深厚，土壤自然肥力高，通透性能良好，不积水，营养元素丰富而平衡。优越的气候和土壤条件极适于甘薯的生长，使其具有产量高、淀粉多、质量佳的特点。

四、收获时间

山阳甘薯采收时间为9月，手工粉条全年加工。

五、推荐储藏和食用方法

【储藏方法】常温储藏，温度宜在 1~25℃。

【食用方法】凉拌、热炒、炖菜、涮锅等，可与各类食材搭配烹饪。

六、市场销售采购信息

1. 山阳县山里人家农产品开发专业合作社

联系人：王维锋　联系电话：13992481987

2. 山阳县猛柱天健薯业有限公司

联系人：郭国银　联系电话：13991461876

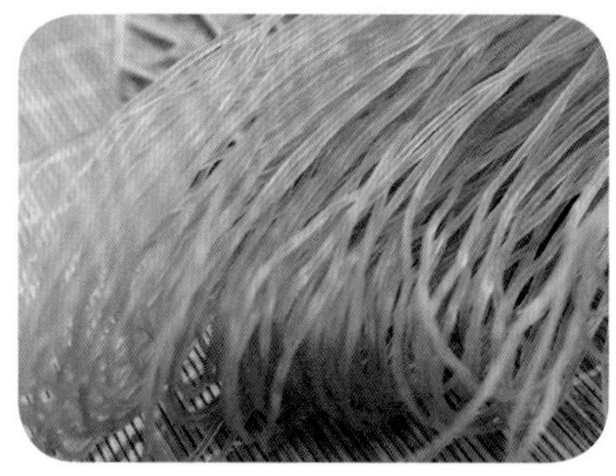

山阳红茶

登录编号：CAQS-MTYX-20210952

一、主要产地

商洛市山阳县漫川关镇、法官镇、延坪镇、南宽坪镇等 4 个镇的枫树等 18 个村。

二、品质特征

山阳红茶，条索紧细，锋苗显露，色泽棕润，多金毫，香气鲜嫩甜香，汤色红亮滋味，醇厚爽口，回甘悠长。叶底嫩匀红亮，无裂变，无异味，不加入任何添加物。

山阳红茶富含多种营养物质，其中茶多酚含量为 8.9%，锌含量为 45.2mg/kg，水浸出物含量为 34.5%，粗纤维含量为 9.30%。内在品质中的主要指标均优于同类产品参照值。

三、环境优势

山阳县位于秦岭南麓，属长江流域汉江水系，平均海拔 1 100m，年均气温 13.1℃。气候温和湿润，冬无严寒，夏无酷暑，属亚热带向暖温带过渡季风性山地气候。茶产地包括漫川关、法官、延坪、南宽坪四个镇 18 个村。东以漫川贺家岭为界，西以宽坪吕家坡为界，南以云岭为界，北以延坪枫树岭为界，地理坐标东经 109°56′~110°09′、北纬 33°11′~33°20′。境内山大沟深，植被繁茂，长年云雾缭绕，雨量充沛，水质清冽。土壤自然肥力高，土层深厚，土体疏松，砂壤质地，通透性能良好，不积水，营养元素丰富而平衡。优越的气候和土壤条件极适于茶叶种植，是中国最北方的新兴茶区。

四、收获时间

最佳采摘时间为 3—4 月。

五、推荐储藏和食用方法

【储藏方法】山阳红茶的储藏应避潮湿高温，最好放于专用茶叶罐中，在干燥、阴凉、清洁的环境下存放，以保持茶叶的纯净。

【食用方法】即冲即饮，水温控制在 80~ 90℃，确保茶叶里的养分不会流失，冲泡 3~5 次，第二泡口感最佳。

六、市场销售采购信息

1. 山阳县金桥茶业有限公司

联系人：李德全　联系电话：13038530809

2. 陕西福青山茶文化有限公司

联系人：刘海峰　联系电话：18991568098

3. 山阳县枫树茶业专业合作社

联系人：骆发林　联系电话：15991401468

4. 山阳县红枫茶业专业合作社

联系人：余忠成　联系电话：19929167773

5. 山阳县甭孬茶叶种植专业合作社

联系人：余　东　联系电话：18991465006

6. 山阳县万福茶业有限公司

联系人：江诗兵　联系电话：18391933163

镇安象园茶

登录编号：CAQS-MTYX-20190116

一、主要产地

商洛市镇安县达仁镇象园村。

二、品质特征

镇安象园茶多选用清明前后一芽二叶为原料，外形美观、扁平挺直、嫩绿光润、肉厚而鲜、香气怡人。冲泡后，汤色清澈明亮、叶底柔嫩、栗香浓郁、滋味甘醇、耐冲泡。

镇安象园茶中的氨基酸、茶多酚含量较高，儿茶素含量为15.67%、游离氧氨基酸含量为6.3%，呈清香型的戊烯醇、乙烯醇形成较多，而呈苦涩味的茶多酚含量较低，为18.4%。

三、环境优势

镇安象园茶产于最美秦岭南麓“中国栗乡”镇安县，地理坐标位于北纬33°07′35″~33°42′02″，是中国最北缘茶区。这里是我国南北气候交会处，属亚热带湿润半湿润气候。茶叶生长区在海拔800m以上的高山地带，常年云雾缭绕，空气湿润，水质洁净，光照充足，森林覆盖率达67%，土壤中性至微酸，腐殖质含量丰富，富含硒、锌等微量元素，pH值5.79~6.21，冬季无冻土层，是茶树生长的理想基质。茶树生长在板栗林带间，充分吸收大自然灵气，具有独特的天然栗香。

四、收获时间

上好的雾芽茶最佳采摘期在3月中旬至清明节后，由于雾芽茶属高端茶，时间要求比较严格，采摘期不到一个月。

五、推荐储藏和食用方法

【储藏方法】以冰箱冷藏为最佳，温度 0~ 5℃。储存茶叶的器皿需密封，不可和有异味的物品混放。

【食用方法】即冲即饮，取茶叶 3~4g，用 80~ 90℃开水冲泡，冲泡以 2~3 次为宜。

六、市场销售采购信息

1. 镇安县绿晟茶叶有限责任公司

联系地址：镇安县达仁镇象元村

联系人：刘道生　联系电话：13709210095

2. 镇安县盛华茶叶有限公司

联系地址：镇安县南新街中段

联系人：王经理　联系电话：18991454665

3. 镇安县象园茶叶有限责任公司

联系地址：镇安县永安路 36 号

联系人：刘　娅　联系电话：17791189968

镇安香椿

登录编号：CAQS-MTYX-20200420

一、主要产地

商洛市镇安县米粮镇、西口镇、高峰镇、青铜关镇。

二、品质特征

镇安香椿梗质鲜嫩，梗叶完整，叶厚而小，嫩而不柴。颜色紫红、无木质纤维，叶面油润，颜色鲜亮，有光泽，香气浓郁。

镇安香椿粗纤维含量 1.4g/100g，远低于同类产品参照值，维生素 C 含量 42.06mg/100g、钙含量 544mg/kg，均高于同类产品参照值。

三、环境优势

镇安香椿主产地位于镇安县东南部的北阳山地带，最高海拔 1 920m，独特的喀斯特地貌形成了当地独有的气候条件。平均年降水量 908mm，日平均气温 11.2℃，年均日照 1 706.1h，无霜期 206 天，属北凉亚热带向暖温带过渡地段，半湿润气候，森林覆盖率达 85% 以上。自然成片的香椿树林，是北阳山一道亮丽的风景线。北阳山气候早春回暖速度慢，昼夜温差大，香椿芽生长期长，颜色鲜亮有光泽，梗质鲜嫩，香气浓郁。

四、收获时间

收获期为 3 月下旬至 4 月中旬，最佳品质期为 3 月。

五、推荐储藏和食用方法

【储藏方法】可冷藏保鲜，也可常温保存。

【食用方法】适合各种烹饪方法。

1. 香椿凉拌豆腐　香椿切末，豆腐切丁焯水备用；将豆腐、香椿、葱花、生姜末、大蒜末、花椒粒放入盘内，油烧七成热浇在上面，撒盐，淋香油拌匀即可。

2. 香椿炒鸡蛋　鲜香椿切末，打若干鸡蛋搅匀，加入香椿末、盐；锅里油烧六成热时，倒入搅匀的鸡蛋液，稍停片刻即可翻炒一下，用铲子划成小块，加葱花出锅，即可食用。

3. 香椿扣肉　把晒干的香椿 100g 浸泡柔软，熟的腊五花肉切片备用；香椿放锅里加蒜、辣椒等调味品炒好装入碗里，按照顺序摆放上腊肉长条；上高压锅蒸 30min 即可，椿香怡人，醒脾开胃。

六、市场销售采购信息

1. 陕西镇安御品轩有限公司

联系人：张天祥　联系电话：18091458001

2. 镇安县香香山野菜专业合作社

联系人：陈永香　联系电话：13239146146

镇安香菇

登录编号：CAQS-MTYX-20200421

一、主要产地

商洛市镇安县云盖寺镇、回龙镇、铁厂镇、月河镇等。

二、品质特征

镇安香菇呈稍平展的扁半球形，菌盖圆整，表面为浅褐色，有白色龟裂纹。复水后菇肉紧实，菇褶密实细白。

镇安香菇呈味氨基酸总含量为6.48g/100g，蛋白质（干基）含量为23g/100g，粗多糖含量11.6g/100g，总灰分（干基）含量为6.0g/100g，粗纤维（干基）含量为3.9%，上述指标均优于同类产品参照值。

三、环境优势

镇安县位于秦岭东段南麓，地处我国南北气温分界线和800mm降水线上，是我国南北气候交会处，素有“九山半水半分田”之称。属亚热带半湿润气候，森林覆盖率70%以上，年平均气温12.2℃，四季分明，气候湿润，生态环境优良。境内水资源丰富，是我国“南水北调”工程的水源涵养地，独特的自然条件为生产优质香菇提供了优良的生长环境。

四、收获时间

收获期为2—11月，最佳品质期为4月。

五、推荐储藏和食用方法

【储藏方法】鲜菇1~5℃的环境下冷藏储存。

干菇装入密封容器中，避光、干燥处储存。

【食用方法】

1. 香菇笋丁　将鲜香菇放入淡盐水中浸泡 10min 后，洗净切小块；将笋洗净切成和香菇一样大小的块，大葱切片，红椒切碎；炒锅加热倒油，待油七成热时放入大葱片爆香，倒入香菇块和笋块翻炒 2min；调入酱油，糖，盐，继续炒 2min 出锅装盘；装盘后撒上红椒碎，熟芝麻和香菜装饰。

2. 香菇鸡汤　香菇用水泡个 20min，然后去蒂，对半切；笋泡发后切段，鸡大腿肉洗干净切块；锅中水烧开，倒入肉块烫 3~4min，去掉血水捞出；另起锅加冷水，倒入去血水的鸡块，放姜片、料酒，等锅中水开时放入香菇和笋；大火烧开，小火慢煨 30~40min，待鸡肉烂透后加葱末，出锅装盘。

3. 香菇青菜　青菜焯水捞出；锅中加油，油热后爆香葱、姜、蒜；倒入香菇，大火翻炒 2min；加盐、生抽、蚝油、鸡精，加清水翻炒均匀；水淀粉勾芡，大火收汁；青菜摆盘，放上香菇、红辣椒，淋上汤汁，即可食用。

六、市场销售采购信息

1. 镇安县秦绿食品有限公司

联系人：余之超　联系电话：15109143330

2. 镇安县锄禾农业有限公司

联系人：蒋为权　联系电话：15719240910

镇安木耳

登录编号：CAQS-MTYX-20200422

一、主要产地

商洛市镇安县云盖寺镇西华村、西洞村、黑窑沟村；西口回族镇农丰村。

二、品质特征

镇安木耳干品为脆硬的角质，耳面黑褐色、有光泽，耳背暗灰色。复水后，耳片黑褐色、边缘波浪状，耳肉肥厚、胶质状有弹性、无根少筋。

镇安木耳具有较高的营养价值，总糖含量为 56.6%，氨基酸总量为 3 940mg/100g，蛋白质含量为 14.1%，总灰分（干基）含量为 4.4g/100g，各项指标均优于同类产品参照值。

三、环境优势

镇安县位于秦岭东段南麓，地处我国南北气温分界线和 800mm 降水线上，是南北气候交会处，素有“九山半水半分田”之称。属于亚热带半湿润气候，年平均气温 12.2℃，森林覆盖率 70% 以上，气候湿润，生态环境优良。境内水资源丰富，是我国“南水北调”工程的水源涵养地。适宜的气候，优良的生态环境为木耳的生长提供了优质的外部环境。

四、收获时间

收获期为 4—11 月，最佳品质期为 4 月。

五、推荐储藏和食用方法

【储藏方法】应放在通风、透气、干燥、凉爽的地方保存，避免阳光长时间照射；存放时要远离气味较重的食物，防止互相串味。

【食用方法】可凉拌、爆炒、煲汤。

凉拌木耳　将黑木耳用冷水泡发，一般 1h 就可以泡软，变软后洗净；锅中倒入清水，煮开，放入木耳，焯烫后捞出沥干后备用；起油锅，放入少量植物油，下大蒜爆香，加入 2 勺剁椒酱翻拌均匀，将生抽、香醋等调味料加入木耳中，把爆香的大蒜和剁椒浇在木耳上拌匀，最后放上一勺香油，装盘即可食用。

六、市场销售采购信息

1. 镇安县秦绿食品有限公司

联系人：于先生

联系电话：15109143330

2. 陕西长丰农林科技发展有限公司

联系人：桂先生

联系电话：18891876132

镇安核桃

登录编号：CAQS-MTYX-20200790

一、主要产地

商洛市镇安县米粮镇水峡村、木王镇朝阳村、铁厂镇铁厂村。

二、品质特征

镇安核桃近于球状，黄白色，壳面洁净，缝合线紧密，核桃充分成熟，单果横径约36mm，平均果重约15g，易取整仁，出仁率48%左右，核桃种仁饱满，有皱曲的沟槽，种仁完整，类球形，种皮黄褐色，膜状，子叶类白色，质脆，富油性，气微香，味甜，涩味淡。

镇安核桃钙含量为112mg/100g，磷含量为324mg/100g，锌含量为3.59mg/100g，蛋白质含量为19.4mg/100g，主要指标均优于同类产品参照值。

三、环境优势

镇安县位于秦岭东段南麓，属长江流域，汉江支流乾佑河和旬河中游。地处我国南北气温分界线和800mm降水线上，是我国南北气候交会处，也是北亚热带向暖温带气候过渡地带，属亚热带半湿润气候，平均气温12.2℃，四季分明、气候湿润。镇安生态环境优良，森林覆盖率70%以上，是秦岭中央国家公园的核心区域。得天独厚的气候条件和优良的生态环境使镇安成为核桃的最佳适生区。

四、收获时间

收获期为8—9月。

五、推荐储藏和食用方法

【储藏方法】鲜品冷藏保鲜；干品放置于通风、透气、干燥、凉爽处，避免阳光直射。

【食用方法】可鲜食、熟食、加工。

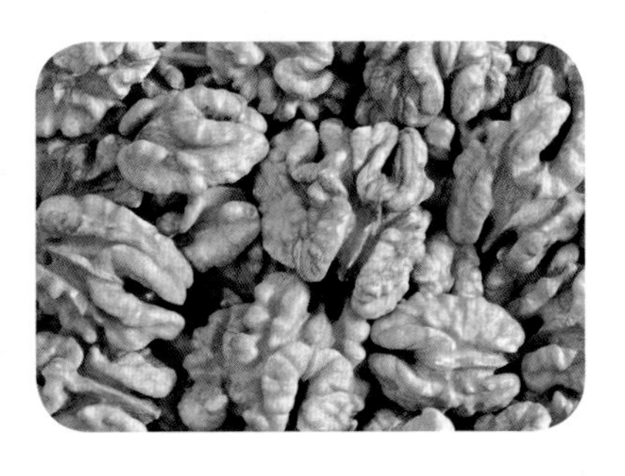

核桃仁拌木耳　木耳泡发后，洗净去蒂，撕成小朵，青红尖椒洗净，核桃仁用温水泡20min，去皮；锅中烧水，放入木耳、青红辣椒，断生后捞出；将生抽、醋、盐和香油倒入碗内，搅拌均匀，调成调味汁；把核桃仁、木耳、青红辣椒放入盘中，倒入调味汁，搅拌均匀，即可食用。

六、市场销售采购信息

1. 镇安县正丰农业发展有限公司

联系地址：陕西省商洛市镇安县岭南路160号

联系人：周建人　联系电话：15291927776

2. 陕西海源生态农业有限公司

联系人：韩　俊　联系电话：15288988840

镇安大板栗

登录编号：CAQS-MTYX-20200791

一、主要产地

商洛市镇安县永乐街道办事处太平村、栗园村、木王镇平安村。

二、品质特征

镇安大板栗呈红棕色，有光泽，果形良好，果面洁净，无异常气味、无杂质，果粒均匀。平均单粒果重约6.5g。果粒成熟饱满，油光亮丽，底座小，表面洁净无茸毛，肉质细腻、香甜，糯性强。

镇安大板栗维生素C含量为44.8mg/100g，钙含量为19.2mg/100g，磷含量为69.9mg/100g，蛋白质含量为3.84g/100g，均优于同类产品参照值。

三、环境优势

镇安县位于秦岭南麓，地处我国南北气候分界线和800mm降水线上，是北亚热带向暖温带气候过渡地带，属亚热带半湿润气候。森林覆盖率70%以上，年平均气温12.2℃，四季分明、气候湿润，生态环境优良。独特的自然环境下生长的大板栗营养丰富，味道甜脆，含有多种营养元素，素有干果之王的美称。

四、收获时间

收获期为9—10月，最佳品质期为9月。

五、推荐储藏和食用方法

【储藏方法】-2~1℃避光低温储藏。

【食用方法】鲜食、熟食、配菜、煲汤。

1. 糖炒板栗　准备适量新鲜板栗，清洗干净后擦干表面水分，用剪刀在板栗的壳上剪一刀或者划十字刀；炒锅添油，放入板栗，小火翻炒；炒至板栗微微张口时，加入清水焖煮10min，待汤汁收干后，加白糖和适量清水，继续翻炒；观察白糖完全溶化，每一颗栗子上都能均匀裹上糖汁后，出锅盛盘，稍凉后即可食用。

2. 板栗炖鸡　鸡肉洗净后切块，板栗去壳去皮，生姜去皮洗干净后切片；锅内放入少许色拉油预热，倒入切好的鸡肉和生姜翻炒，炒至鸡肉泛黄时关火捞出备用；将炒好的鸡肉、板栗和其他辅料一块放入炖锅，加水炖煮，放入适量盐，半个小时后即可食用。

六、市场销售采购信息

1. 陕西合曼农业科技有限公司

联系人：卢　沪　联系电话：15353903123

2. 陕西镇安华兴特色农产品开发有限公司

联系人：李洪琴　联系电话：18992418305

镇安腊肉

登录编号：CAQS-MTYX-20200792

一、主要产地

商洛市镇安县木王镇、东川镇、达仁镇、云盖寺镇等。

二、品质特征

镇安腊肉脂肪呈乳白色，瘦肉呈枣红色，外表光洁无黏液、无霉点、无异味。外表肉质紧密，有弹性，块形完整。煮熟切面整齐，透明发亮，色泽透红。

镇安腊肉的蛋白质含量为24.92g/100g，赖氨酸含量为2 100mg/100g，谷氨酸含量为3 675mg/100g，均优于同类产品参照值。胆固醇和脂肪含量为43.4mg/100g，低于同类产品参照值。

三、环境优势

镇安县位于秦岭东段南麓，是北亚热带向暖温带气候过渡地带，属亚热带半湿润气候。境内四季分明、气候湿润、物种丰富，森林覆盖率70%以上，年平均气温12.2℃，生态环境优良，非常适宜生猪养殖。当地农户饲养生猪历史达千年以上，多以粮食饲草喂养，品种以本地黑猪为主，饲养过程中不添加催肥助长药剂或饲料，熏制的腊肉品质纯正。

四、收获时间

镇安腊肉全年生产，最佳品质期为12月。

五、推荐储藏和食用方法

【储藏方法】冰箱冷冻可保存1年；20℃避光、通风干燥处悬挂可保存3个月。

【食用方法】

1. 腊肉炒豆豉　腊肉选用五花肉或臀肉，肥瘦相宜，下锅煮熟后捞出，切成片状，配豆豉煸炒，加葱姜大料，煸出酱香装盘上桌。特点是肉脆带卷，酱香四溢，开胃，适宜就饭佐酒。

2. 手撕腊肉　将腊肉清洗干净，切成块状；锅中烧水，在 40~60 ℃温度下，文火煮 60~90min，冷却后捞出肉块；将肉块手撕成条状，加入调味品搅拌均匀，装盘即可。

六、市场销售采购信息

1. 镇安晖腾腊肉特产有限责任公司

联系人：王　瑞　联系电话：18109146568

2. 镇安县创盛肉食品有限公司

联系人：黄安霞　联系电话：15809141544

镇安鸡蛋

登录编号：CAQS-MTYX-20210209

一、主要产地

商洛市镇安县柴坪镇梅子口村、永乐街道办事处木园村。

二、品质特征

镇安鸡蛋蛋形端正，呈椭圆形，蛋壳清洁完整，呈绿色，直径长 3.5cm，约重 60g。灯光透视时，整个蛋呈微红色，蛋黄不见阴影，打开后蛋黄凸起完整，并带有韧性，蛋白澄清透明，稀稠分明。

镇安鸡蛋维生素 E 含量为 3.34mg/100g，硒含量为 35 μg/100g，铁含量为 2.37mg/100g，胆固醇含量为 268mg/100g，各项指标均优于同类产品参照值。

三、环境优势

镇安县位于秦岭东段南麓，地处我国南北气温分界线和 800mm 降水线上，是我国南北气候过渡地带，素有“九山半水半分田”之称，是北亚热带向暖温带气候过渡地带，属亚热带半湿润气候。森林覆盖率 70% 以上，年平均气温 12.2℃，四季分明、气候湿润、生态环境优良。蛋鸡养殖基地依山而建，毗邻清泉，取食天然虫草和农户种植的粮食，喝山泉水，不喂食任何饲料添加剂。

四、收获时间

镇安鸡蛋全年生产，最佳品质期为 4 月。

五、推荐储藏和食用方法

【储藏方法】镇安鸡蛋 0~5℃冷藏保鲜最佳，也可在通风、干燥处常温保存。

【食用方法】适合各类烹饪方法，如煎、炒、蒸、煮。

六、市场销售采购信息

1. 镇安县鹏达养殖专业合作社

联系人：王仁坤　联系电话：15229549918

2. 商洛唐老弟养殖有限公司

联系人：唐乾超　联系电话：17602936028

镇安手工挂面

登录编号：CAQS-MTYX-20210953

一、主要产地

商洛市镇安县云盖寺镇岩湾村、回龙镇水源村、永乐街道办事处栗园村。

二、品质特征

镇安手工挂面呈淡黄色，质地较脆、干爽，条状，面条中空，有手工挂面的气味。煮后口感不黏，不磣牙，不粘锅，汤色较清。具有外观光滑，口感爽滑，色白味甘，筋道绵软，白、净、干、细、心中空的特征。

镇安手工挂面蛋白质含量为14.0g/100g，烟酸含量为3.3mg/100g，钙含量为28.3mg/100g，锌含量为1.46mg/100g，磷含量为166mg/100g，上述主要指标均优于同类产品参照值。

三、环境优势

镇安县位于秦岭东段南麓，陕西省东南部，地处南北气温0℃分界线和800mm降水线上，南北气候共存，南北生物皆有，属半湿润气候，无霜期206天，年均气温12.2℃，年均日照1 706.1h，是小麦生长的最佳适宜区。加工的手工挂面面细色白，状若银丝，口感筋道，营养丰富，便于长期保存。镇安县区位优势明显，自古是西安通往安康的要道，是联系陕西与湖北的天然纽带，素有“秦楚咽喉”之称，为镇安手工挂面流通提供了便利的交通条件。

四、收获时间

秋冬季是镇安手工挂面的最佳生产时间。

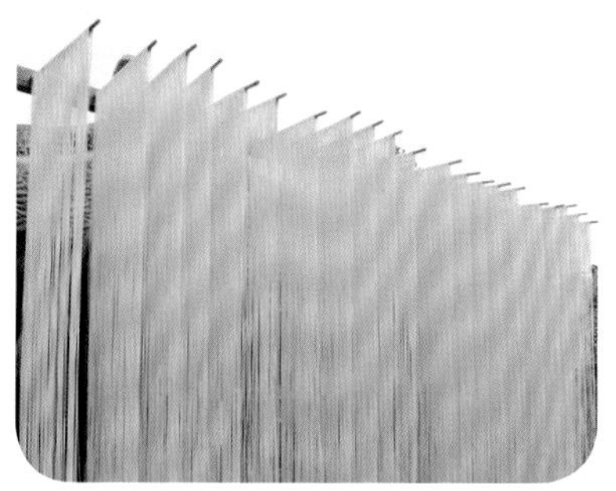

五、推荐储藏和食用方法

【储藏方法】晒干后置于通风、阴凉、避光处储藏。

【食用方法】适合各种烹饪方法，如炒、蒸、煮等。

六、市场销售采购信息

1. 镇安县秦绿食品有限公司

联系人：胡祥丽　联系电话：18220444368

2. 镇安县华联农工商有限公司

联系人：杨　军　联系电话：15009148609

3. 镇安县岭南农产品开发有限公司

联系人：张　瑞　联系电话：13038536611

柞水黑木耳

登录编号：CAQS-MTYX-20190063

一、主要产地

商洛市柞水县所辖的9个镇（办）。

二、品质特征

柞水黑木耳耳面深黑褐色、耳背灰色，耳基小、肉厚质软、口感软糯、鲜嫩，具有独特的柞木清香，胶浓脂厚，有天然菌香。

柞水黑木耳营养丰富，各项品质指标符合国家一级标准要求，粗蛋白质含量为12.1%，粗脂肪含量为1.77%，总氨基酸含量为9.5%，粗纤维含量为4.02%，总糖含量为39.7%，硒含量为0.084mg/kg，上述指标均优于同类产品参照值。柞水黑耳被誉为“菌中之冠”，具有清肺润肠、滋阴补血、活血化瘀、明目养胃等功效，增强人体免疫力，预防心血管疾病等。

三、环境优势

柞水因柞木多而得名，是陕西省重点林业县之一，被誉为“终南首邑，山水画廊”。黑木耳生产区域以秦岭为脊，以乾佑、金井、社川、小金井四河为谷向东南延伸，具有“九山半水半分田”的自然地貌，地势西北高，东南低，海拔541~1 500m。境内重山叠嶂、沟壑纵横，年平均气温12.2℃，年降水量600~900mm，平均年日照1 850h，无霜期200天以上。丰富的柞木资源，适宜的气候和降水，为黑木耳生产提供了理想的自然环境。

四、收获时间

最佳采收期5—7月和9—11月，一年采收3次。

五、推荐储藏和食用方法

【储藏方法】置于通风、透气、干燥、阴凉、避光、清洁处；远离气味较重的食物，防止串味。存放时间不宜超过24个月。

【食用方法】热炒、凉拌、煲汤均可。木耳炒肉，油而不腻；在煲汤中放入木耳，可使汤更鲜更香。

六、市场销售采购信息

1. 陕西秦峰农业股份有限公司

联系人：吴礼建　联系电话：13363988883

2. 柞水野森林生态农业有限公司

联系人：庞晶苗　联系电话：15389521321

3. 柞水秦岭天下电子商务有限公司

联系人：何锦旗　联系电话：18710710278

4. 柞水县科技投资发展有限公司

联系人：柯凤鸣　联系电话：13991483728

5. 柞水县杏坪镇肖台村股份经济合作社

联系人：王大连　联系电话：13891400512

6. 柞水县绿源农业发展有限公司

联系人：江长宏　联系电话：13991443617

柞水大豆

登录编号：CAQS-MTYX-20200423

一、主要产地

商洛市柞水县凤凰镇联丰村、杏坪镇柴庄社区、小岭镇罗庄村。

二、品质特征

柞水大豆籽粒呈扁圆或长椭圆形，粒色为黄色或淡黄色、有光泽，长约1cm，宽约5~8mm，脐色为黄褐、淡褐或深褐色，颗粒饱满，整齐均匀。

柞水大豆蛋白质含量为37.5g/100g，脂肪含量为17.2g/100g，亚油酸含量为56.1%，α－亚麻酸含量为10.8%，锌含量为3.52mg/100g。主要指标均优于同类产品参照值。柞水大豆富含人体所需的多种营养元素，具有降低血中胆固醇，预防高血压、冠心病、动脉硬化，美容养颜，促进肠道蠕动，防止便秘等作用。

三、环境优势

柞水县位于秦岭南麓，是我国南北气候过渡地带，属北亚热带气候区。境内四季分明，气候温和，雨量充沛，空气清新，年平均日照达1 860.2h，年平均降水量742mm，最冷平均气温0.2℃，最热平均气温23.6℃，无霜期209天。产区土壤以小岭镇、凤凰镇一线为界，北为棕壤土，南为黄棕壤土，pH值为6.2~6.8，土层深厚，土壤肥沃，有机质含量高，非常适合大豆生长，是大豆的最佳优生区。

四、收获时间

最佳采收期为 9—10 月。

五、推荐储藏和食用方法

【储藏方法】应储藏在清洁、干燥、防雨、防潮、防虫、防鼠、无异味的环境下。长期储藏的大豆水分含量不能超过 12%。

【食用方法】多以加工为主，如加工成豆腐、豆浆、豆芽等豆制品或豆腐乳、豆瓣酱、酱油、豆豉等。柞水大豆加工的豆腐呈乳白色，口感鲜嫩细腻；加工豆芽发芽率达 95% 以上。

六、市场销售采购信息

1. 陕西秦峰农业股份有限公司

联系人：徐　婷

联系电话：13363988883

2. 柞水老作坊绿色农产品有限责任公司

联系人：方典贵

联系电话：13991565690

柞水香椿

登录编号：CAQS-MTYX-20200424

一、主要产地

商洛市柞水县瓦房口镇老庄村、大河村，杏坪镇联丰村。

二、品质特征

柞水香椿呈卵状披针形，长 10~15cm，宽 2~4cm，略带紫红色，颜色鲜亮，有光泽，表面有较强的油润质感，无木质纤维，香味浓郁。

柞水香椿营养丰富，具有健脾开胃、消炎止血、解毒驱虫等功效。粗纤维含量为 1.5g/100g，维生素 C 含量为 45.71mg/100g，钙含量为 803mg/kg，锌含量为 6.91mg/kg，铁含量为 24.8mg/kg，内在品质指标均优于同类产品参照值。

三、环境优势

柞水香椿主产区瓦房口镇、杏坪镇位于柞水南部，金井河中下游，属北亚热带气候。香椿生长环境地势平坦，森林覆盖率 70% 左右，平均海拔 885.5m，年平均气温 9℃，无霜期 200 天，年平均降水量 700mm，土层深厚、肥沃，有机质丰富，是香椿自然生长和人工栽培的最佳优生区。

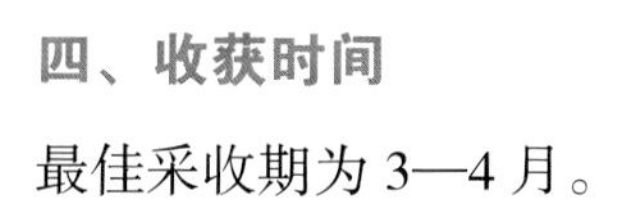

四、收获时间

最佳采收期为 3—4 月。

五、推荐储藏和食用方法

【储藏方法】0~1℃冷藏保鲜。

【食用方法】凉拌、生炒，可搭配各类食物烹饪。

1. 香椿炒鸡蛋　鸡蛋打散，锅中倒入水烧开，放入一勺食用盐，一勺植物油；香椿过水捞出后用凉水冲干净，挤出水分；将洗净的香椿切成碎末，放入一小勺生粉，倒入打散的蛋液，搅拌均匀；锅烧热，倒入油，然后把拌好的香椿倒入，煎至两面金黄，关火盛盘。

2. 香椿饼　香椿洗净，放入开水中煮熟捞出，控干水分后切成碎末；将香椿放入盆中，加面粉、鸡蛋和食用盐，倒入适量清水，调成糊状；起锅烧油，油热后倒入香椿面糊，摊平；小火慢煎，待两面煎黄后，即可食用。

六、市场销售采购信息

1. 陕西秦峰农业股份有限公司

联系人：吴律建

联系电话：13363988883

2. 柞水野森林生态农业有限公司

联系人：庞晶苗

联系电话：15389521321

柞水香菇

登录编号：CAQS-MTYX-20200425

一、主要产地

商洛市柞水县下梁镇西川村、老庵寺村。

二、品质特征

柞水香菇鲜品菌盖呈扁半球形圆整，菌盖浅褐色至褪色，菌褶、菌柄乳白色至浅黄色，直径2~6cm。柞水香菇干品呈半球形，菇盖圆整、表面为褐色、龟裂花纹呈白色、菇褶淡黄色，直径2~4.5cm，泡水后菇肉厚实，煮熟后，菇肉滑嫩鲜美，香菇味道浓。

柞水香菇具有高蛋白、低脂肪、多糖、多种氨基酸和多种维生素的营养特点。其中蛋白质含量为19.2g/100g，粗多糖含量为12.5g/100g，粗纤维含量为3.5%，磷含量为798mg/100g，主要指标均优于同类产品参照值。

三、环境优势

柞水香菇生产区域位于陕西省南部、商洛西部，地处秦岭南麓，距西安67km，包茂高速和西康铁路横贯全境，促使柞水融入西安“1小时经济圈”，地理条件优越。柞水县属北亚热带向暖温带过渡的半湿润季风气候，日照充足、热量丰富、雨量充沛。境内重峦叠嶂、沟壑纵横，森林覆盖率88%，全年空气质量达到或好于二级天数达306天以上，负氧离子含量高，乾佑、社川、金钱河水质达到生活饮用水标准，生态环境优良。

四、收获时间

采收期为9月至翌年5月，最佳品质期为12月。

五、推荐储藏和食用方法

【储藏方法】鲜香菇 1~4℃下冷藏保鲜；干香菇在 15~20℃于阴凉、通风处存放。

【食用方法】香菇被称为“山珍之王”，不仅营养健康，而且美味可口，爽滑筋道，适合各类烹饪方法。

六、市场销售采购信息

1. 柞水县新社员生态农业有限责任公司

联系人：郭小健　联系电话：13399148880

2. 陕西秦峰农业股份有限公司

联系人：吴礼健　联系电话：13363988883

3. 柞水野森林生态农业有限公司

联系人：庞晶淼　联系电话：15389521321

柞水连翘

登录编号：CAQS-MTYX-20200793

一、主要产地

商洛市柞水县红岩寺镇跃进村、盘龙寺村、严坪村，杏坪镇的肖台村。

二、品质特征

柞水连翘呈扁卵形、表面绿褐色、种子黄绿色，顶端锐尖、基部有小果梗，长 2~2.5cm，直径 0.5~1.2cm，表面有不规则的纵皱纹和多数凸起的小斑点，两面各有 1 条明显的纵沟。

柞水连翘浸出物含量为 44.4%，连翘苷（$C_{27}H_{34}O_{11}$）含量为 0.70%，连翘脂苷 A（$C_{29}H_{36}O_{15}$）含量为 10.50%，均优于同类产品参照值。柞水连翘具有清热解毒、消肿散结、疏散风热等功效，可用于过敏性紫癜、过敏性皮炎等疾病的治疗。

三、环境优势

柞水县被誉为“终南首邑，山水画廊”，处秦岭腹地，地势北高南低，地形以山地为主。土壤为棕壤土，pH 值 6.5~6.8，土层深厚，土壤肥沃，有机质含量高。境内四季分明，光照充沛，夏无酷暑，冬无严寒，平均气温 12.4℃，平均日照时数 1 957h，无霜期年平均 180 天。独特的气候特征符合连翘喜光、喜温暖、耐寒、耐干旱瘠薄的生长习性，是连翘生长的优势生态区。

四、收获时间

收获期为 8 月上旬至 10 月下旬。

五、推荐储藏和食用方法

【储藏方法】干燥、通风、避光、透气环境下储存。

【食用方法】柞水连翘嫩芽经过清洗、蒸制、制干后，制成连翘茶。其特点生津止渴，清热泻火，清凉提神。

六、市场销售采购信息

1. 柞水县世纪生态农业有限公司

联系人：王炳荣

联系电话：15691673130

2. 陕西云岭生态科技有限公司

联系人：刘玉兰

联系电话：13992877298

柞水金木耳

登录编号：CAQS-MTYX-20200794

一、主要产地

商洛市柞水县下梁镇西川村、金盆村，营盘镇丰河村、北河村，小岭镇金米村。

二、品质特征

柞水金木耳外观为金黄色或橙黄色，有光泽，耳瓣自然卷曲成团，云朵状，带有少量耳基，耳瓣大小均匀，干整耳直径 40~60mm，干湿比为 1:10 左右，复水后饱满有弹性，煮熟后气味清香，口感舒适。

柞水金木耳作为传统名贵的食疗和药用原材，具有健脾、润肺、明目、理气、止咳、平喘，提高人体免疫力、预防贫血等功效。其蛋白质含量为 10.3g/100g，铁含量为 6.24mg/100g，膳食纤维含量为 62.7g/100g，所含的蛋白质、铁、膳食纤维等营养指标均优于同类产品参考值。

三、环境优势

柞水县位于陕西省南部，商洛西部，地处秦岭南麓，境内四季分明，气候温和，雨量充沛，空气清新，年平均日照 1 860.2h，年平均降水量 742mm，无霜期 209 天，平均海拔都在 1 000m 左右，森林覆盖率 88%，用于金木耳生产的主材料柞树占森林总面积的 70% 以上，是金木耳的最佳生态区。

四、收获时间

收获期为 5—11 月，最佳品质期为 7 月。

五、推荐储藏和食用方法

【储藏方法】置于通风良好、阴凉干燥、清洁卫生、有防潮设施的空间储藏，保质期 24 个月。

【食用方法】适合各类烹饪方法，如爆炒、凉拌、煲汤、煮粥等。

六、市场销售采购信息

1. 柞水野森林生态农业有限公司

联系人：庞晶苗　联系电话：13484852521

2. 柞水县科技投资发展有限公司

联系人：柯凤鸣　联系电话：15229143887

3. 陕西秦峰农业股份有限公司

联系人：徐　婷　联系电话：18991452198

柞水蜂蜜

登录编号 CAQS-MTYX-20200795

一、主要产地

商洛市柞水县红岩寺镇本地湾村、盘龙寺村、大沙河村、严坪村，杏坪镇柴庄社区，下梁镇西川村，营盘镇北河村、丰河村、秦峰村。

采花酿蜜——遵循自然，不人为干预

二、品质特征

柞水蜂蜜夏季如凝脂，春秋有结晶；颜色金黄或琥珀色；用筷挑起有回圆珠，质地如沙，不易扯丝；入口绵软细腻，芳香悠长浓郁。

柞水蜂蜜富含果糖、氨基酸、维生素等多种营养物质。其中羟甲基糠醛含量为 12.6mg/kg，淀粉活性酶含量 17.2mL/(g·h)，脯氨酸含量为 51.2mg/100g，内在品质指标均优于同类参照值。

三、环境优势

柞水蜜蜂养殖历史悠久，所在地柞水县地处秦岭南麓，距西安市 67km。境内植被茂密、物种丰富，花草繁茂、蜜源广泛、蜜粉充足，森林覆盖率 88%，负氧离子含量高，素有“天然氧吧”和“城市之肺”之称。蜂蜜养殖基地温差大、湿度高，兼有南北气候特征，利于蜜源植物的开花泌蜜，从而形成了独特的立体蜜源生态，是蜂蜜养殖的最佳适生区。

四、收获时间

收获期为 3—9 月，最佳品质期为 4 月。

五、推荐储藏和食用方法

【储藏方法】蜂蜜是弱酸性液体，易与普通塑料及金属制器皿发生化学反应，因此应选择玻璃、陶瓷容器盛装，加盖密封后在干燥、清洁、通风、避光环境中储存。

【食用方法】可用 60℃温开水冲服饮用，也可添加到各类食物中。

六、市场销售采购信息

1. 陕西秦峰农业股份有限公司

联系人：徐　婷　联系电话：18209149678

2. 柞水县乾佑贵宾土特产精品店

联系人：徐秀红　联系电话：18992451851

3. 陕西新田地绿色食品有限责任公司

联系人：李　帅　联系电话：18710696307

柞水鸡蛋

登录编号：CAQS-MTYX-20200796

一、主要产地

商洛市柞水县瓦房口镇大河村、营盘镇北河村、曹坪镇马房子村、凤凰镇金凤村、红岩寺镇跃进村。

二、品质特征

柞水鸡蛋蛋壳为粉白色，外形为卵圆形，大小均匀，蛋液黏度高，蛋黄比例大。煮熟后，蛋白光滑香嫩，弹性好，蛋黄橙黄色，口感细嫩、香浓。

柞水鸡蛋氨基酸含量为12 480mg/100g，维生素A含量为216μg/100g，维生素E含量为4.366mg/100g，胆固醇含量为390mg/100g，微量元素硒含量为26μg/100g，上述指标均优于同类产品参照值。

三、环境优势

柞水县地处秦岭南坡、商洛西部，是陕西省重点林业县之一。全县植被覆盖率78%，融“名山名镇名洞”于一体，被誉为“终南首邑，山水画廊”，似一颗璀璨的明珠镶嵌在终南山下。这里山清水秀、空气清新、冬无严寒、夏无酷暑，生态植被保护完好。柞水的土鸡主要生长在太阳光可照射的浅林半山坡，白天都在山坡上找草种、树叶、虫子食用，晚上以玉米、豆粕等土杂粮为食。纯正的土鸡在当地优越的自然生态环境下，以传统的人工散养方式生产，使柞水鸡蛋风味纯正、营养丰富，深受广大市民的青睐。

四、收获时间

全年可收获，最佳品质期为4月。

五、推荐储藏和食用方法

【储藏方法】2~5℃冷藏，可储藏10天。

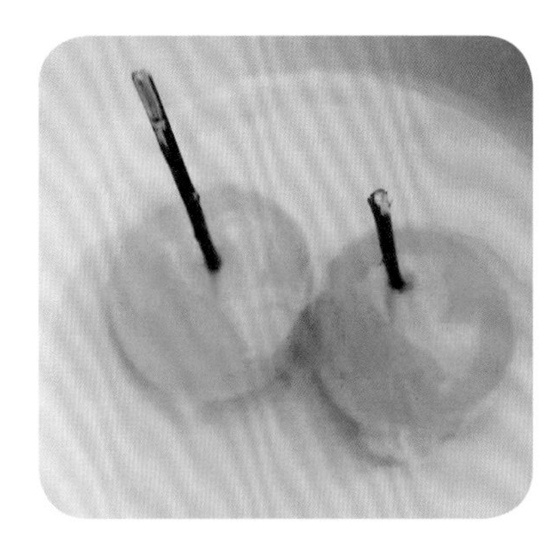

【食用方法】

1. 香煎荷包蛋　将锅烧热后刷上少量的油，然后将鸡蛋打入锅中，改小火两面煎熟，在蛋白呈凝固状时根据口味撒上盐和胡椒粉，装盘即可食用。

2. 鸡蛋蒸卷　准备两个鸡蛋，将蛋白蛋黄分离，火腿切丁，葱切末；将火腿丁放入蛋黄中搅拌均匀，将葱和适量盐放入蛋白中搅拌均匀；平底锅涂少许油，先将蛋白煎熟，再放入蛋黄煎熟；将煎好的蛋白和蛋黄重叠，卷在一起，切块即可。

六、市场销售采购信息

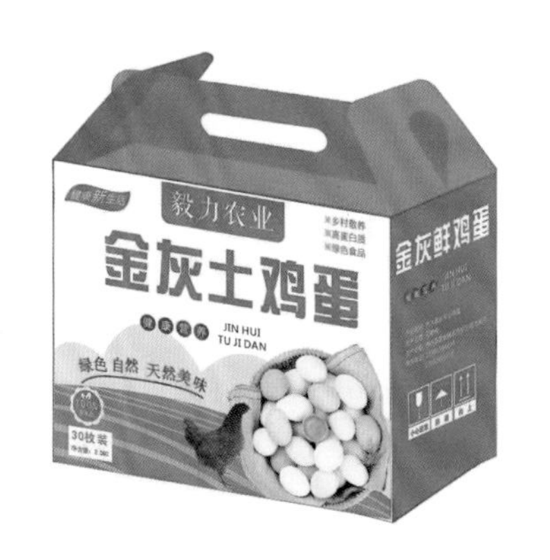

1. 柞水县瓦房口镇小阳坡生态农庄

联系人：桂芳香　联系电话：18109143425

2. 柞水县毅力农业科技有限公司

联系人：张国玺　联系电话：17392435318

3. 柞水县蔡玉窑镇马房湾蛋鸡场

联系人：邹定伟　联系电话：15291566031

4. 柞水县风镇逢源养鸡农民专业合作社

联系人：田启峰　联系电话：13509140456

5. 柞水县红岩寺桃园沟隆锦养鸡场

联系人：杨　勇　联系电话：18992415099

柞水玄参

登录编号：CAQS-MTYX-20210954

一、主要产地

商洛市柞水县曹坪镇银碗村、东沟村、营盘镇曹店村、丰河村。

二、品质特征

柞水玄参呈类圆柱形，中间略粗，微弯曲，长 8~20cm，直径 1~3cm。表面灰褐色，有不规则的纵沟、横长皮孔样突起，稀疏的横裂纹和须根痕。质坚实，不易折断，断面黑色，微有光泽。

柞水玄参水分含量为 13.53%，总灰分含量为 4.71%，酸不溶性灰分含量为 1.98g/100g，浸出物含量为 70.89%，哈巴苷（$C_{15}H_{24}O_{10}$）和哈巴俄苷（$C_{24}H_{30}O_{11}$）的总量为 1.40%，内在品质中的主要指标均优于同类产品参照值。

三、环境优势

柞水县地处秦岭南坡、商洛西部，兼有南北气候带的特征，北部属暖温带，东南属北亚热带，整个县域属亚热带和温暖带两个气候的过渡地带，植被繁衍群落差异明显，气候影响植物带垂直和平行分布特点明显。境内海拔高度在 541~2 802.1m，森林覆盖率达 68%，全年日照 1 860.2h，最冷平均气温 0.2℃，最热平均气温 23.6℃，无霜期 209 天，年均降水量 742mm，四季分明、温暖湿润、夏无酷暑、冬无严寒，是玄参的最优适生区，也是陕西省玄参主产地之一。

四、收获时间

最佳收获期为 10—11 月。

五、推荐储藏和食用方法

【储藏方法】炮制后储密闭容器内，置通风、干燥避光处，防霉，防蛀。

【食用方法】柞水玄参属药食同源，能清营血分之热，用于治疗温热病，常配生地、丹皮同用，如清营汤。

六、市场销售采购信息

1. 柞水县世纪生态农业有限公司

联系人：李小艳　联系电话：15691673130

2. 柞水县凯祥源农业技术开发有限公司

联系人：吴小娜　联系电话：15029893926

3. 柞水县林涤种植养殖农业专业合作社

联系人：李小艳　联系电话：15691673130

柞水玉木耳

登录编号：CAQS-MTYX-20210955

一、主要产地

商洛市柞水县营盘镇丰河村和北河村，下梁镇西川村和金盆村、老庵寺村，小岭镇金米村，曹坪镇马房子村。

二、品质特征

柞水玉木耳呈角质状，硬而脆性，背面乳白色，表面米黄色，腹面光滑，颜色喜人，手摸有干燥感，无颗粒感，复水后颜色雪白。

柞水玉木耳蛋白质含量为8.76g/100g，粗脂肪含量为0.4g/100g，膳食纤维含量为60.6g/100g，总糖（以葡萄糖计）含量为63.0g/100g，内在品质中的主要指标均优于同类产品参照值。

三、环境优势

柞水玉木耳产自终南首邑、山水画廊的柞水县，位于陕西省南部，秦岭南麓，因盛产木耳最佳适生树种——柞树而得名。境内重峦叠嶂，沟壑纵横，植被茂盛，水质优良，森林覆盖率68%，负氧离子含量位居全省前列，素有天然氧吧、城市之肺之称。柞水玉木耳自2016年引进并大力推广以来，以独特的品相和品质，迅速成为柞水木耳的翘楚。主要产区营盘镇、下梁镇、小岭镇，平均海拔1 000m以上，四季分明，气候温和，是玉木耳的最佳适生区域。

四、收获时间

最佳收获期为5—10月。

五、推荐储藏和食用方法

【储藏方法】在通风良好、阴凉干燥、清洁

卫生的环境下储藏，保质期 24 个月。

【食用方法】适合各种烹饪方法，可搭配各类食材。

六、市场销售采购信息

1. 陕西秦峰农业股份有限公司

联系人：吴礼建　联系电话：13363988883

2. 柞水秦岭天下电子商务有限公司

联系人：何锦旗　联系电话：18710710278

3. 柞水县科技投资发展有限公司

联系人：柯凤鸣　联系电话：13991483728

第二章 农产品地理标志保护产品

◎劳将白叟比黄公
◎今古由来事不同
◎我有商山君未见
◎清泉白石在胸中

柞水黑木耳

登记证书编号：AGI00518

一、证书持有人

柞水县农业技术推广站。

二、保护范围

柞水黑木耳保护区域为柞水县乾佑街道办事处、营盘镇、下梁镇、曹坪镇、瓦房口镇、红岩寺镇、杏坪镇、凤凰镇、小岭镇，地理坐标东经108°49′25″~109°36′20″、北纬33°25°31″~33°55′28″。保护面积2 800hm^2，年产量60t。

三、产品品质特征特性

柞水黑木耳耳面深黑褐色、耳背灰色，耳基小、肉厚质软、口感软糯、鲜嫩，具有独特的柞木清香、胶浓脂厚，天然菌香。

柞水黑木耳营养丰富，品质优良，粗蛋白质含量为12.1%、粗脂肪含量为1.77%、粗纤维含量为4.02%、总氨基酸含量为9.5%、总糖含量为39.7%，硒含量为0.084mg/kg，素有“秦岭珍馐、九州名菌”之美誉。

四、自然生态环境和人文历史

【自然环境】柞水因柞木多而得名，是陕西省重点林业县之一，被誉为“终南首邑，山水画廊”。这里重峦叠嶂、沟壑纵横，年平均气温12.2℃，无霜期200天，年降水量600~900mm，平均日照时数1 850h，森林覆盖率88%，用于黑木耳生产的主材料柞树占森林总面积的70%以上，全年空气质量达到或好于二级天数达306天以上，负氧离子含量高。适宜的自然条件、丰富的林木资源和优良的生态环境，造就了柞水黑木耳独特的品质，使其成为柞水一张靓丽名片。

【人文历史】柞水黑木耳栽培历史悠久，早在明清时期，柞水人就从事木耳生产。据清《陕西通志》记载，明清时期，柞水“万山丛树多，土人伐生木耳。进耳收买成包，水陆运至襄汉，作郧耳出售，价倍川耳”。据“礼记内则”和汉学者郑玄的注解，以及宋代宋陈浩的《礼记集》记载，黑木耳还是上古时代帝王独享之佳品。1978 年改革开放后，柞水依托当地自然条件，大力发展木耳产业。2017 年 10 月 10 日，首届柞水木耳文化节在柞水县西川现代农业园区开幕。2018 年，柞水县制定了地栽木耳示范栽植 1 万亩、1 亿袋、年产量 5 000t、产值 3 亿元的“1153”发展目标。2020 年 4 月 20 日，习近平总书记来陕考察期间点赞“小木耳，大产业”，为柞水黑木耳开创全产业链高质量发展新局面指明了方向。

五、收获时间

最佳采收期为 5—7 月和 9—11 月，采收 3 次。

六、推荐储藏和食用方法

【储藏方法】置于通风、干燥、阴凉、避光处，保质期 24 个月。

【食用方法】可搭配各类食材烹饪，以耳佐料炒肉，油而不腻；在煲汤中放入木耳，可使汤更鲜、更香。

七、市场销售采购信息

1. 陕西秦峰农业股份有限公司

联系人：吴礼建　联系电话：13363988883

2. 柞水野森林生态农业有限公司

联系人：庞晶苗　联系电话：15389521321

3. 柞水中博农业科技有限发展公司

联系人：魏东利　联系电话：15309254308

4. 柞水秦岭天下电子商务有限公司

联系人：何锦旗　联系电话：18710710278

5. 柞水县科技投资发展有限公司

联系人：柯凤鸣　联系电话：13991483728

丹凤核桃

登记证书编号：AGI00055

一、证书持有人

丹凤县农业技术服务中心。

二、保护范围

丹凤核桃保护区域东至丹凤县桃坪大老林沟，西至棣花镇雷家坡，南至竹林关镇雷家洞，北至庾岭镇陈家铺，涉及 21 个镇 212 个村及社区，地理坐标东经 110°7′49″~110°49′33″、北纬 33°21′32″~33°57′4″。保护面积 1 800hm^2，年产量 4 980t。

三、产品品质特征特性

丹凤核桃圆形或椭圆形，外壳黄白色，壳面洁净，缝合线紧密；果仁饱满、体匀个大、肉质肥美、油酥醇香、含油 60% 以上。

丹凤核桃富含磷、钙、镁、铁、锌等矿物质元素及多种维生素。脂肪含量为 60%~70%，粗蛋白含量为 1.5%，糖含量为 10%。

四、自然生态环境和人文历史

【自然环境】丹凤县位于陕西省东南部，地处长江流域，属亚热带半湿润和东部季风暖温带过渡性气候区，年气温 13.8℃，年日照时数 2 056h，年降水量 687.4mm，无霜期 217 天。全境呈“掌状”地貌，整个地势自西北向东南倾斜，垂直分布着水稻土、潮土、淤土、紫色土、褐土、黄棕壤、棕壤，pH 值 6.3~8.3，土壤容重 1.03~1.75g/cm^3，土壤孔隙度 50%~55%，肥力中等，有机质含量 0.8%~3.09%。核桃生产区域有丹江、银花河、武关河、老君河、资峪河等 14 条河流，总径流量 12.28 亿 m^3，河流水源主要来自天然降水，其次为山涧泉水。优越的气候条件，适宜的土壤和降水，为核桃生长提供了理想的自然环境。

【人文历史】丹凤核桃已有 2 000 多年的栽培史，张骞出使西域时带回，先在京都长安试种，不适，后移植商洛山中，生长旺盛，挂果累累。唐代以后，丹凤核桃种植已有相当规模。据清代《直隶商州总志》载：“商洛果之最盛者

无如核桃。”清末民初由龙驹寨水运至襄樊、武汉销售者每年约十余万斤。1933年，龙驹寨所产核桃行销东南各省，每年由汉口出口，或价值数十万。20世纪50年代后期，商洛地委、行署为了大力发展商洛核桃产业，做出了“每户种一升核桃”的决定，得到了毛泽东主席的赞赏，并在《工作方法六十条（草案）》中做了专门批示，号召全国推广。1958年9月，全国16省（市）代表在丹凤县八一公社（现丹凤县武关镇）召开核桃生产现场会，并树碑永志；同年12月，国务院给本县八一公社（武关）颁发由周恩来亲笔签名的奖状。

五、收获时间

最佳收获期为8—9月。

六、推荐储藏和食用方法

【储藏方法】丹凤核桃推荐冰箱冷藏保鲜，温度控制在0~2℃，湿度控制在60%~70%，可保存2年以上。

【食用方法】丹凤核桃可生食、加工，也可与各类食物搭配食用。在收获季节鲜核桃仁口感更好，营养更加丰富。

七、市场销售采购信息

1. 丹凤县华盛土畜贸易有限公司

联系人：贺君宏　联系电话：13038527773

2. 陕西天宇润泽生态农业有限责任公司

联系人：詹延延　联系电话：15394147018

3. 商洛市丹凤县扶贫产品直营店

联系人：付亚鹏　联系电话：13319146338

柞水核桃

登记证书编号：AGI00517

一、证书持有人

柞水县林业站。

二、保护范围

柞水核桃保护区域为柞水县乾佑街道办事处、营盘镇、下梁镇、曹坪镇、瓦房口镇、红岩寺镇、杏坪镇、凤凰镇、小岭镇，地理坐标东经108°49′25″~109°36′20″、北纬33°25°31″~33°55′28″。保护面积20 000hm^2，年产量300t。

三、产品品质特征特性

柞水核桃坚果方椭圆形，外壳自然黄白色，缝合线紧密，壳面光滑，种仁饱满，取仁容易，种皮色浅，仁味油香，涩味淡。平均果重10g，出油率50%。

柞水核桃营养丰富，有较高的食用和药用价值。蛋白质含量为20.7g/100g，脂肪含量为59g/100g，锌含量为2.67mg/100g，钙含量为127mg/100g，铁含量为2.87mg/100g。有预防动脉硬化、降低胆固醇、软化血管、健脑益智、养发强肾的功效。

四、自然生态环境和人文历史

【自然环境】柞水县地处陕西省东南部，属亚热带和温带的过渡地带，四季分明，温暖湿润，年日照1 860.2h，最冷平均气温0.2℃，最热平均气温23.6℃，无霜期209天，年降水量742mm。土壤类型主要为棕壤土和黄棕壤，

土壤有机质含量 1.1%，全氮 80mg/kg，速效磷 45mg/kg，速效钾 120mg/kg，pH 值 6.6~8.0。适宜的气候环境和优越的土壤条件，孕育了柞水核桃独特的品质，是全国最佳核桃适生区之一。

【人文历史】柞水核桃种植历史悠久，据说西汉张骞从西域带回植于京都长安，然而“龙凤之地”不适核桃生长发育，便被移植到商洛山中。岂知，核桃却因祸得福，寻到了安家落户、发家兴族的宝地，从而繁衍成为一个旺族。唐代以后，柞水核桃已有相当规模。北宋《本草衍义》中记有“核桃风发，陕、洛之间甚多”。清《直隶商州总志》也有“商洛果之最盛者无如核桃”的记述。

五、收获时间

最佳采收期为 9 月上旬。

六、推荐储藏和食用方法

【储藏方法】应在干燥、避光、通风的空间储藏，温度保持在 20℃。

【食用方法】柞水核桃可生食，也可搭配其他食物烹饪，还可用于加工点心、月饼等馅料。

七、市场销售采购信息

1. 陕西秦峰农业股份有限公司

联系人：吴礼建　联系电话：13363988883

2. 柞水野森林生态农业有限公司

联系人：庞晶苗　联系电话：15389521321

山阳九眼莲

登记证书编号：AGI00321

一、证书持有人

山阳县特色产业发展中心。

二、保护范围

山阳九眼莲保护区域东至照川镇土城村，西至杨地镇峡口村，南至云岭，北至流岭。地理坐标东经 109°32′~110°20′、北纬 39°9′~33°42′。主要包括城关、漫川关、法官、宽坪、板岩、户垣、杨地、牛耳川、色河、小河口、十里铺、双坪、两岭、高坝、中村、银花、天桥、照川、石佛等 19 个镇（办）。保护面积 1 333.3hm^2，年产量 40 000t。

三、产品品质特征特性

山阳九眼莲，藕身一般 3~4 节，节间长藕身大，横切面九孔以上，肉厚、洁白、丝长、质地细嫩，口感甜脆爽滑。

山阳九眼莲富含糖、脂肪、蛋白质、粗纤维及维生素 B_1、维生素 B_2 等多种营养元素，氨基酸含量为 617~677mg/100g。香气独特，营养丰富，具有清热解毒、杀菌消炎、补益气血、增强人体免疫力的功效，中医称其“主补中养神，益气力”。

四、自然生态环境和人文历史

【自然环境】山阳九眼莲产地位于秦岭东南麓，境内群山林立，沟壑纵横，属亚热带向暖温带过渡的季风性半湿润山地气候，年平均气温 13.1 ℃，无霜期 207 天，平均日照 2 133.8h，年平均降水量 709.3mm。土壤垂直地带性分布着水稻土、潮土、淤土、紫色土、褐土、黄棕土、棕土 7 种类型，pH 值 6.0~7.5，有机质含量 1.5%，全氮 70mg/kg，速效磷 30mg/kg，速效钾 120mg/kg。山阳县水资源丰富，地下水和地表水水质良好，是矿化度小于 1g/L 的重碳酸盐淡水，pH 值 5.7~8.5，为理想的工农业生产和生活用水，适合九眼莲生长。

【人文历史】山阳九眼莲原产长江下游，明成化年间，由“下湖人”带入山阳，至今已有 500 余年历史。相传山阳九眼连曾为贡品上贡朝廷。

五、收获时间

收获期为 9—10 月。

六、推荐储藏和食用方法

【储藏方法】山阳九眼莲最佳储藏温度为 5℃，在此温度下可保鲜 3~4 个月。

【食用方法】山阳九眼莲可凉拌、生炒、煲汤，也可加工制成藕粉。

七、市场销售采购信息

1. 陕西宁和贵农业科技有限公司

联系人：郑安宁　联系电话：15191594490

2. 山阳县孤山九眼莲专业合作社

联系人：李胜利　联系电话：13992440269

商南茶

登记证书编号：AGI00738

一、证书持有人

商南县茶产业发展中心。

二、保护范围

商南茶地理标志保护区域范围为城关街道办事处、富水镇、试马镇、清油河镇、青山镇、金丝峡镇、过风楼镇、湘河镇、赵川镇、十里坪镇等13个镇（办）的60个村。地理坐标为东经110°24′00″~111°01′00″、北纬33°06′00″~33°44′00″。保护面积10 000hm^2，年产量5 000t。

三、产品品质特征特性

商南茶选用清明前后一芽一或二叶为原料，外形紧秀弯曲或扁平光直、白毫显露；汤色嫩绿、叶底黄绿、清澈明亮、耐泡、回甜、滋味鲜爽，栗香浓郁持久。

商南茶内含物质丰富，氨基酸含量为4.9g/100g，铁含量为355.3mg/100g，锌含量为54.6mg/100g，维生素C含量为79.5mg/100g，茶多酚含量为18.2%，水浸出物含量为46.7%，总糖含量为2.6%，并有24种有机物质稳定组合成的香味，长期坚持饮用能防龋齿、清口臭、降脂助消化、抵抗病毒、利尿解乏、提神醒脑，可以有效降低动脉硬化和心血管疾病发生率。

四、自然生态环境和人文历史

【自然环境】商南茶产地位于秦岭山脉东南，是全国西部茶区最北端，地理坐标北纬33°6′~33°44′，气候四季分明，年平均降水量800mm，春季干旱少雨，冬季积雪凌冻，昼夜温差大，年极端最低气温多年平均值-11.8℃。土壤主要为微酸性砂壤土，pH值5.5~6.5，土层深厚，质地疏松，土壤中富含铁、锌等微量元素，是种植茶叶的理想区域。

【人文历史】1970年，以张淑珍为代表的科技工作者，历经十余载的不懈努力、不断探索，终于引种成功，将茶叶栽培由南向北推移300多千米，使商南县成为中国西部最北端的新兴茶区。1988年，中国茶叶研究所在陕西省科研

中心举行名茶评审会，在开汤品评中，商南茶获得一致好评。2013年，以商南茶为主题的电影《北纬33度》获得中国优秀农村题材电影优秀故事片大奖，足见商南茶的魅力。

五、收获时间

根据商南茶的生长特点，只在3月下旬至5月上旬采收春茶，其中以清明前的毛尖茶为最佳。

六、推荐储藏和食用方法

【储藏方法】最佳储藏方式为5℃冰箱冷藏。

【食用方法】80~90℃开水冲泡饮用，以山泉水为最佳，次之矿泉水。饮茶前，先闻其香，再品茶味，冲泡一般以2~3次为宜。

七、市场销售采购信息

1. 商南县沁园春茶业有限责任公司

联系人：何　苗　联系电话：15353913200

2. 陕西省商南县茶叶联营公司

联系人：陈洪涛　联系电话：13909142728

3. 陕西恩普农业开发有限公司

联系人：罗　印　联系电话：18009209708

4. 陕西省商南县金丝茶业发展有限公司

联系人：张光斌　联系电话：0914-6325999

洛南核桃

登记证书编号：AGI00823

一、证书持有人

洛南县核桃研究所。

二、保护范围

洛南核桃产地位于东经109°44′10″~110°40′60″、北纬33°25′00″~34°25′58″，主要分布于洛南县城关街道办事处、四皓街道办事处、永丰镇、保安镇、洛源镇、石门镇、麻坪镇、石坡镇、巡检镇、寺耳镇、柏峪寺镇、景村镇、古城镇、三要镇、灵口镇、高耀镇。保护面积1 800hm^2，年产量4 980t。

三、产品品质特征特性

洛南核桃果大、皮薄、仁饱、果粒大小均匀，果面洁净，果实饱满，口感油香。

洛南核桃所含的蛋白质、碳水化合物、脂肪酸、粗纤维、磷、钾、钙、镁、维生素等营养物质与微量元素含量均高于国内其他产区。

四、自然生态环境和人文历史

【自然环境】洛南核桃产地洛南县位于秦岭东段南麓，属温带大陆型季风气候区，年平均气温11.1℃，年均降水量756mm，年均日照时数1 989h，年均辐射量121kcal/cm^2，全年无霜期180天。全县以黄棕壤、棕壤为主，其次为褐色土、淤土、紫色土，土壤pH值6.2~8。境内河流遍布，水资源丰富，是陕西省南部唯一属黄河流域的县份，洛水从县境中部穿流而东，大小支流均以指状分布，总面积2 830.16km^2。洛南县无大型工矿企业，山清水秀、空气清新，生态环境十分优越，是核桃的最佳适生区，被称为“核桃之都”。

【人文历史】洛南核桃种植历史悠久。据《洛南县志》记载，早在1 000多年前的汉代，核桃就为当地百姓辛勤种植。唐代已是“果之甚者，莫如核桃”。北宋《本草衍义》中记有：“核桃风发，陕、洛之间甚多”。《直隶商州总志》

也有：“商洛果之最盛者无如核桃”的记述。唐代孟诜《食疗本草》中记述：食核桃仁可以开胃，通润血脉，使骨肉细腻。宋代刘翰《开宝本草》中记载：核桃仁“食之令人肥健、润肌、黑须发、多食利小水，去五痔”。明代李时珍《本草纲目》中，说核桃仁有“补气养血、润燥化痰，益命门，利三焦，温肺润肠。治虚寒咳嗽，腰脚重疼，心痛疝痛，血痢肠风”等功效。

五、收获时间

收获期为9—10月，最佳品质期为9月。

六、推荐储藏和食用方法

【储藏方法】推荐冰箱冷藏保鲜，温度控制在0~2℃，湿度控制在60%~70%，可保存2年以上。

【食用方法】可生食、加工，也可与各类食物搭配食用，在收获季节不经干燥取得的鲜核桃仁口感更好。

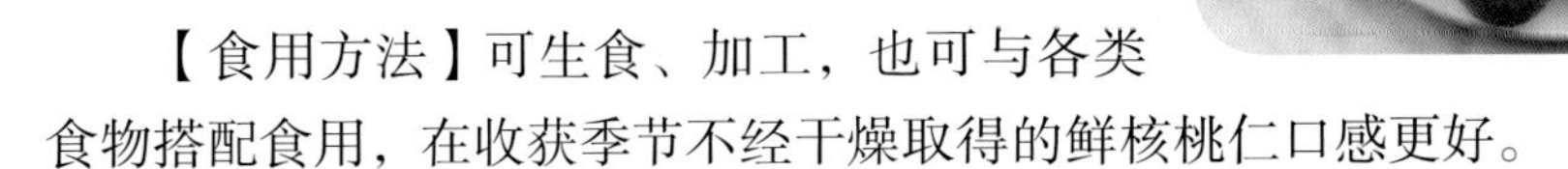

七、市场销售采购信息

1. 洛南县柏峪寺核桃种植专业合作社

联系人：陈叶青　联系电话：13359149222

2. 洛南县长胜农产品贸易有限公司

联系人：马文娟　联系电话：18740742878

3. 商洛盛大实业股份有限公司

联系人：吕晓莉　联系电话：18992483333

丹凤葡萄

登记证书编号：AGI01040

一、证书持有人

丹凤县葡萄酒协会。

二、保护范围

丹凤葡萄保护区域位于丹凤境内，东至武关镇，西至棣花镇，北至峦庄镇，南至竹林关镇，地理坐标北纬 33°31′~33°48′、东经 110°11′~110°41′，主要分布在棣花镇、商镇、龙驹寨镇、资峪镇、铁峪铺镇、武关镇、北赵川镇、竹林关镇、花坪镇、月日镇等乡镇，共涉及 140 个村及社区。保护面积 2 000hm^2，年产量 40 000t。

三、产品品质特征特性

丹凤葡萄果穗重 600g 左右，果粒近圆形，呈红紫色；单粒重 8g 左右，果皮韧，果粉匀厚，肉白多汁，味酸甜清香；果汁澄清发亮，为鲜食酿酒兼用佳品。

丹凤葡萄可溶性固形物含量为 14%，总酸含量为 0.6%~0.7%，糖酸比为 20~25；同时富含多种氨基酸、微量元素，磷含量为 15~16mg/100g，钾含量为 75~80mg/100g，硒含量为 0.001~0.002mg/100g。

四、自然生态环境和人文历史

【自然环境】丹凤县位于陕西省东南部，秦岭南麓，地处北纬 33° ，恰在北纬 20°~40° 葡萄生长的黄金带。生产区域土壤类型主要为褐土、黄棕壤和在紫色砂页岩上发育而成的紫色土，有机质含量 1.5%，全氮 70mg/kg，速效磷 30mg/kg，速效钾 120mg/kg，pH 值 6.5~7，非常有利于葡萄的生长发育。适宜的土壤条件使种植的葡萄含有丰富的钙质，具有含糖量高、香味浓的特点。丹凤属于凉亚热带半湿润和东部季风暖温带过渡性气候，受季风影响明显，夏季东南风直入，冬季西北季风活跃，四季分明，光热资源充足，年日照时数 2 056h，年总辐射量

122.79kcal/cm^2，无霜期217天，年平均降水量687.4mm，年平均气温13.8℃，昼夜温差较大，葡萄的生长周期长，大大增加了丹凤葡萄的甜度。

【人文历史】丹凤葡萄种植历史悠久，唐太宗时期，丹凤有突厥人进贡葡萄，太宗指曰“真龙眼也”，从此就有龙眼葡萄之名。清宣统三年（1911年），天主教徒华国文从西安往南阳途中，在丹凤龙驹寨发现酿制葡萄酒的上等原料，即丹凤葡萄。2018年，丹凤县加快葡萄酒“两厂两庄”提质增效，建设万亩优质葡萄基地，实施集群化发展。

五、收获时间

收获期为8—9月，最佳品质期为9月上中旬。

六、推荐储藏和食用方法

【储藏方法】1~0℃下冷藏保存，冷藏后食用味道更鲜美。

【食用方法】可鲜食，亦可酿酒。丹凤葡萄酒清亮透明，呈宝石红色，香气浓郁，富有果香气，入口圆润，是亲朋好友聚会的佳品。

七、市场销售采购信息

1. 陕西丹凤葡萄酒有限公司

联系人：杨　涛　联系电话：18049060904

2. 丹凤县商镇北坪村龙王沟龙江水果专业合作社

联系人：彭丹江　联系电话：13992454920

孝义湾柿饼

登记证书编号：AGI00983

一、证书持有人

商州区特色产业发展中心。

二、保护范围

孝义湾柿饼产地位于陕西省商洛市商州区孝义镇，东经110°15′、北纬33°15′，辖12个行政村：刘一、刘二、老山沟、甘河、青岗坪、白草岭、张碾子、张村、陈巷、吕涧、代街、李河滩。东临丹凤县棣花镇，南接山阳两岭乡，西、北与夜村镇接壤。保护面积6 000hm^2，年产量1 000t。

三、产品品质特征特性

孝义湾柿饼制作工艺考究，口感绵软，霜白、肉厚无核、肉质柔软、甘柔如饴、清甜芳香。

孝义湾柿饼碳水化合物平均含量为43.78%，高出对照值9.71%，有润肺、涩肠、止咳、祛痰、止血之功效。

四、自然生态环境和人文历史

【自然环境】孝义湾柿饼产地孝义镇地处商州区东部，气候特征属北亚热带，全年日照1 860.2h，无霜期209天，年降水量742mm，四季分明，温暖湿润，空气清新，光照充足，气候宜人，为优质柿子的生长创造了得天独厚的自然条件。

产地范围内土壤主要以砂壤土为主，pH值在6.5~7.0，平均有机质含量1.1%，全氮80mg/kg，速效磷45mg/kg，速效钾120mg/kg。境内山清水秀，水多药丰，丹江流域4km，甘河流域10km，是商州区水资源丰沛乡镇之一。孝义镇以种植业为主，没有大型工业企业，几乎没有污染，水源保持良好。

【人文历史】孝义湾柿饼制作历史悠久，据传孝义湾原名“孝爷湾”，明朝崇祯年间，商州有位姓黄的知府带“孝爷湾”柿饼进京朝贡皇上，皇上吃后顿觉“甘甜顺喉下，爽气溢双目”，连连称赞，忙问：此品何名，出自何地？黄知府回答道：“此乃柿饼也！系臣辖地商州孝爷湾所产。”皇上惊曰：“此物倒是极好，但地名极其不雅，不如改名孝义湾，以彰显此地百姓孝道仁义。”从此，孝义湾柿饼一直流传至今。

五、收获时间

10 月中旬采收柿子，随之加工柿饼，经过自然晾晒、捏饼，12 月下旬潮霜即可食用。

六、推荐储藏和食用方法

【储藏方法】用保鲜膜密封后，冰箱冷藏保存，最佳温度控制在 3~5℃，保质期可达 10 个月。

【食用方法】直接食用。

七、市场销售采购信息

商州区农产品质量安全站

联系人：肖卫锋　联系电话：0914-8088322

山阳核桃

登记证书编号：AGI01349

一、证书持有人

山阳县林特产业发展中心。

二、保护范围

山阳核桃保护区域包括山阳县城关、十里铺、高坝店、天竺山、两岭、中村、银花、西照川、延坪、法官、漫川关、南宽坪、板岩、杨地、户家塬、牛耳川、小河口、色河铺等23个镇（办）的324个村，地理坐标东经109°32′00″~110°29′00″、北纬33°09′00″~33°42′00″。保护面积26 666.67hm^2，年产量5 000t。

三、产品品质特征特性

山阳核桃果形圆，果面洁净，大小均匀，形状一致，壳薄光滑，缝合线紧密，外壳自然黄白色；隔薄，取仁容易，种仁饱满，色黄白，口感油香滑润，涩味淡。

山阳核桃富含多种矿物质元素及蛋白质、脂肪等，其中钙含量为929.3mg/kg，铁含量为24.2mg/kg，锌含量为27.8mg/kg，蛋白质含量为16.3g/100g，脂肪含量为75.9g/100g。

四、自然生态环境和人文历史

【自然环境】山阳核桃生产区域属暖温带半湿润山地气候，平均海拔1 100m，年降水量709mm，年均气温13.1℃，日照时数2 155h，无霜期207天。土壤类型以黄棕壤和棕壤为主，呈微酸性，有机质含量1.5%，全氮70mg/kg，速效磷30mg/kg，速效钾120mg/kg，pH值6.0~7.5，非常适宜核桃生长，是全国核桃最佳适生区之一。

【人文历史】山阳核桃已有 1 000 多年的栽培历史。据《山阳县志》记载，早在汉代，就有当地百姓辛勤种植。在山阳花鼓戏《吕洞宾点药》中有“核桃下世桃桃敲”的唱词，据此推断，唐代山阳已有大量核桃种植。《本草衍义》载：“核桃风发，陕、洛之间甚多。”《直隶商州总志》中也有“商洛果之最盛者无如核桃”的记载。

五、收获时间

最佳收获期为 9 月前后。

六、推荐储藏和食用方法

【储藏方法】0~2℃下冰箱冷藏保鲜，或于通风、干燥、阴凉处常温储存。

【食用方法】新鲜桃仁口味鲜嫩醇香；干仁可直接生食，也可制作琥珀桃仁、椒盐桃仁、核桃饼等，亦可与其他食材搭配烹饪。

七、市场销售采购信息

1. 陕西省智源食品有限公司

联系人：吉金良　联系电话：0914–8380939

2. 山阳县香玲核桃种植专业合作社

联系人：韦　敏　联系电话：13891429989

镇安象园茶

登记证书编号：AGI01778

一、证书持有人

镇安县农产品质量安全检验检测站。

二、保护范围

镇安象园茶保护区域为陕西省商洛市镇安县达仁镇、柴坪镇、东川镇、木王镇、庙沟镇、云盖寺镇、永乐镇等7个镇的26个村，东至永乐镇花甲村，南至达仁镇象园村，西至木王镇栗扎坪村，北至东川镇高川河村。地理坐标东经109°6′15″~109°36′55″、北纬33°8′35″~33°42′25″。总生产面积8.1万亩，年产量356t。

三、产品品质特征特性

镇安象园茶选用清明前后一芽二叶为原料，外形美观，扁平挺直，嫩绿光润，肉厚而鲜，香气清幽。冲泡后，汤色新绿，清澈明亮，叶底柔嫩，栗香浓郁，滋味甘醇，耐冲泡。

镇安象园茶内含物丰富，水浸出物含量为40%，茶多酚含量为20%，儿茶素总量为12%，氨基酸含量为2.8%，铁含量为110mg/kg，锌含量为45mg/kg。

四、自然生态环境和人文历史

【自然环境】“高山云雾出好茶”，镇安象园茶保护区域位于最美秦岭南麓“中国栗乡”镇安县，是中国最北缘茶区。区域内山、河、沟相间，山大林深，坡陡林茂，云雾缭绕，森林覆盖率67%，属北凉亚热带向暖温带过渡地段，半湿润气候。年均日照1 706.1h，年平均降水量804.8mm，无霜期206天，为典型的“九山半水半分田”山区地形。土壤多为中至微酸性黄棕砂壤土，腐殖质含量高，富含硒、锌等微量元素，pH值5.79~6.21，冬季无冻土层，是茶树生长的理想基质。茶园建在板栗林带间，充分吸收大自然灵气，具有独特的天然栗香。

【人文历史】镇安象园茶已有300多年种茶历史，因最早在象园沟种植，且品质上乘而得名“镇安象园茶”。《镇安县志》记载，清顺治元年，安徽籍人士刘正民，迁来镇安象园沟，带来茶种，当年播种，长势喜人，几年后形成茶园，增至十五余亩，名气方盛。刘氏殁，茶技失传，茶田荒废。1927年，紫阳茶贩彭传清路过象园，被这里优越的茶叶适生环境所吸引，迁来象园定居，指点兴茶之道、制茶之法，后逐步形成特色产业，镇安象园茶从此兴起。

五、收获时间

上好雾芽茶最佳采摘期在3月中旬至清明节后。由于雾芽茶属高端茶，时间要求比较严格，采摘期不到一个月。

六、推荐储藏和食用方法

【储藏方法】以冰箱冷藏为最佳，温度0~5℃。储存茶叶的器皿需密封，不可和有异味的物品混放。

【食用方法】80~90℃开水冲泡后，直接饮用。

七、市场销售采购信息

1. 镇安县绿晟茶叶有限责任公司

联系人：赵经理　联系电话：13909145321

2. 镇安县象园茶叶有限责任公司

联系人：刘　娅　联系方式：17791189968

3. 镇安县盛华茶叶有限公司

联系人：王经理　联系电话：18991454665

商洛香菇

登记证书编号：AGI02239

一、证书持有人

商洛市农业技术推广站。

二、保护范围

商洛香菇保护地域范围为商洛市商州、洛南、丹凤、商南、山阳、镇安、柞水7县（区）的67个镇（办）。东至商南县青山镇新庙村，西至镇安县木王镇栗扎坪村，南至商南县赵川镇老府湾村，北至洛南县巡检镇三元村。地理坐标为东经108°34′20″~111°1′25″、北纬33°2′30″~34°24′40″。年生产规模2.0亿袋，年产量20.13万t。

三、产品品质特征特性

商洛香菇菇形圆整，菌盖褐色，或有裂纹，肉厚紧实，菌褶细密，菌柄短小，鲜香浓郁，嫩滑筋道。

商洛香菇与其他地方香菇相比，具有高蛋白、高糖、低脂肪等特点，其中蛋白质含量为21.0%，总糖含量为35.0g/100g，脂肪含量为3.5%，纤维含量为6.7%，富含铁、钙、磷等多种矿物质及维生素D、维生素B_1、维生素B_2。

四、自然生态环境和人文历史

【自然环境】商洛位于陕西省东南部，秦岭南麓，与鄂豫两省交界，处于南北气温0℃分界线和800mm降水线上，横跨长江、黄河两个流域，属北亚热带向南暖温带过渡地带，具半湿润性气候。境内四季分明，空气清新，林木茂密，森林覆盖率62.3%，生态环境优越，年平均气温11~14.1℃，无霜期173~218天，年平均日照1 874~2 123h，年平均降水量706.1~844.6mm，较大的气候垂直变化，形成了商洛冬、夏菇周年栽培并存的局面。香菇生产区域内大小河沟约72 500条，洛河、丹江、金钱河、乾佑河、旬河等五大水系纵横交错，为香菇生产提供了丰富、方便的水资源。

【人文历史】商洛香菇历史悠久，相传秦末，四位大儒因躲避秦始皇焚书坑儒，隐居于商山，

长期以商芝、野生香菇为食，史称“商山四皓”。据《秦岭巴山天然药物志》记载，香菇生于栎类枯朽的树干上，分布于秦岭、巴山各地。商洛于1980年春开始引进香菇椴木栽培技术，随后，为保护栎类资源，商洛开展代料香菇栽培。2020年，商洛香菇生产区域内香菇代料栽培规模达到2.0亿袋，生产鲜菇20.13万t，实现总产值20亿元，香菇产量占全市食用菌总产量的88%，成为陕西香菇生产第一大市。

五、收获时间

商洛香菇分冬菇和夏菇。冬菇采收期为10月至翌年4月，共采5次；夏菇采收期为6—10月，共采4次。

六、推荐储藏和食用方法

【储藏方法】鲜香菇可冷藏保鲜，保存时间3~5天；干香菇应密封存放在25℃以下阴凉、干燥处，保存时间为12个月。

【食用方法】香菇被誉为“山珍之王”，食用方法多样，可搭配多类食物烹饪，也可加工为香菇酱或即食食品。

七、市场销售采购信息

1. 洛南县凤鸣山现代农业科技有限公司

联系人：张　翔　联系电话：15829568555

2. 商洛盛泽农林科技发展有限公司

联系人：刘　磊　联系电话：15619142165

3. 商洛市丰鑫生态农业有限公司

联系人：杨海峰　联系电话：13038510932

山阳天麻

登记证书编号：AGI03263

一、证书持有人

山阳县农业技术服务中心。

二、保护范围

山阳天麻保护区域东至王闫镇冻子沟村，南至漫川关镇小河口村，西至户家塬镇西坪村，北至十里铺街办祁家坪村。辖城关街道办事处、十里铺街道办事处、高坝店镇、天竺山镇、两岭镇、中村镇、银花镇、王闫镇、西照川镇、延坪镇、法官镇、漫川关镇、南宽坪镇、板岩镇、杨地镇、户家塬镇、小河口镇、色河铺镇 18 个镇（办）的 179 个村，地理坐标东经 109°32′~110°29′、北纬 33°09′~33°42′。保护面积 7 000hm^2，年产量 50 000t。

三、产品品质特征特性

山阳天麻鲜麻棒槌形或椭圆形，肉质肥厚；顶端有红棕色芽苞，习称“鹦哥嘴”或带有茎基习称“红小辫”。底部有肚脐眼形疤痕。外表可见毛须痕迹，多轮点环节，习称“芝麻点”。干制后质坚硬，半透明，断面角质状。

山阳天麻含有丰富的天麻素和对羟基苯甲醇，其总量为 0.751%，水分含量为 12.6%，总灰分含量为 2.25%，浸出物含量为 23.7%。

四、自然生态环境和人文历史

【自然环境】山阳天麻保护区域地处秦岭南麓，属亚热带向暖温带过渡的季风性半湿润山地气候，年均气温 13.1℃，日照时数 2 155h，无霜期 207 天，年均降水量 709mm，主要分布在 7、8、9 三个月，与天麻块茎膨大期一致。产地平均海拔 1 100m，山地气候特征明显，夏季凉爽，昼夜温差大，为天麻生长提供了适宜温度环境。森林覆盖率超过 64%，为天麻栽植提供凉爽、荫蔽的生长环境。植被丰富，大面积的高山树林，为天麻栽培提供优质菌材保障。土壤多以砂壤土和棕壤为主，微酸性，富含有机质，利于蜜环菌孢子停留萌发和天麻块茎膨大，较厚的枯枝落叶层为天麻提供了营养温润的土壤环境。

【人文历史】山阳天麻栽培历史悠久，山阳文联主编出版的《天河之源》记载着一个美丽传说：山阳照川、天桥是闻名全国的天河发源地和七夕文化传播的发祥地，民间蕴藏着丰富的牛郎织女七夕传说故事。古时候，山阳照川一带西南深山里有一部落，某一年，部落里突发一种奇怪的疾病，使人头痛欲裂，重时四肢抽搐、半身瘫痪。人们占卜求医无效，痛苦不堪，这时织女下凡，赐药材治好顽疾，并传授药材繁殖方法。因这药材是织女从天上万圃园带来的，专治头晕目眩、半身麻痹瘫痪，所以称为天麻。天麻泡酒、天麻炖鸡、天麻炖猪蹄等民间流传已久的药膳，一直是山阳百姓的保健食品。

五、收获时间

收获期为 11 月至翌年 4 月。

六、推荐储藏和食用方法

【储藏方法】鲜天麻冷藏为佳；制干后的天麻在 10℃环境下储存。

【食用方法】山阳天麻是食药同源产品，可研末冲服或煲汤，天麻炖鸡汤可治疗偏头疼，也可搭配其他药材入药。

七、市场销售采购信息

1. 陕西秦泰中药材贸易有限公司

联系人：彭　鹏　联系电话：17382555551

2. 山阳县络亿农业科技有限公司

联系人：刘强财　联系电话：18009149040

3. 山阳县土疙瘩天麻有限公司

联系人：闵向阳　联系电话：17729268070

4. 山阳县惠农源种植专业合作社

联系人：鱼洋踊　联系电话：18829148885

第三章 地理标志保护产品及证明商标

◎商洛生态，得天独厚

◎秦岭腹地，丹江源头

◎天然氧吧，康养之都

◎绿色农产，融合发展

洛南豆腐

批准号：国家质检总局 2017 年第 1117 号公告

一、证书持有人

洛南县市场监督管理局。

二、保护范围

洛南豆腐保护范围为陕西省商洛市洛南县洛源镇、保安镇、永丰镇、景村镇、古城镇、三要镇、灵口镇、柏峪寺镇等 8 个镇及城关、四皓 2 个街道。

三、产品品质特征特性

洛南豆腐呈白色或略带淡黄色，带有光泽；块形完整，手感绵软，质地细腻，结构均匀，无杂质；有豆腐特有的豆香味，口感柔软、鲜嫩滑爽，十分筋道。

洛南豆腐富含人体所需的多种营养物质，蛋白质含量为 26g/100g，脂肪含量为 10g/100g，碳水化合物含量为 5g/100g，钠含量为 511mg/100g。

四、自然生态环境和人文历史

【生态环境】洛南豆腐有“三好”的美誉：一是黄豆好，二是水质好，三是工艺好。其生产区域洛南县地处华山南麓，洛河源头，平均海拔 800~1 200m，属暖温带南缘季风性湿润气候，年平均气温 11.1℃，年均降水量 760mm，森林覆盖率 68.9% 以上。在此环境下，大豆生长期长达 200 多天，成熟籽粒颗大粒圆，品质好，含有 8.1% 脂肪和 35.7% 蛋白，营养价值较同类更高，是制作豆腐的上好原料。洛南豆腐加工用水来自无污染的洛河水，水中富含钾、钙、镁、锶、硒等多种维持人体正常生理机能所必需的微量元素。

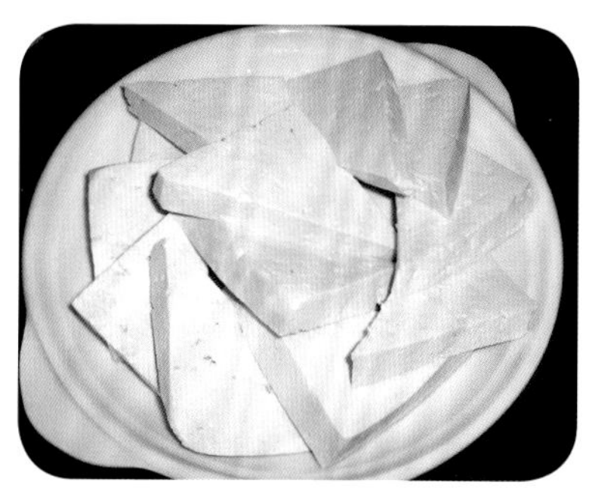

【人文历史】洛南豆腐历史悠久，早在数百年前就负有盛名，曾被清皇帝乾隆钦点为御膳贡品。2010 年洛南豆腐被空运到北京人民大会堂，登上国宴餐桌。洛南豆腐十三花，曾被

联合国农业专家称之为豆制类食品之最。关于豆腐，洛南民间还流传着的美丽传说：战国时期孙膑的母亲年老后牙齿脱落，咬不动食物，想吃没骨头、咬得动的肉，孙膑就想用营养丰富的大豆为母亲做“没骨头肉”，但是豆浆煮熟后却始终无法凝固成团。就在孙膑一筹莫展之时，孙膑的师弟庞涓却想暗中使坏，悄悄将一盆酸菜汤倒在了豆浆里。孙膑回来后，发现锅里的豆浆凝结成了白生生、嫩乎乎的豆花。他用包布滤去豆花中的水分，就成了鲜嫩的豆腐。

五、收获时间

全年生产。

六、推荐储藏和食用方法

【储藏方法】冰箱冷藏保鲜，温度控制在 0~2℃，可保存 2 天左右。

【食用方法】可与各类食材搭配烹饪，如凉拌、生炒、烧汤、煎煮等。

七、市场销售采购信息

1. 洛南县民生食品科技开发有限责任公司

联系人：王翩然　联系电话：18309143335

2. 洛南县众鑫农园豆制品专业合作社

联系人：王　洋　联系电话：13359143456

3. 陕西大通农业科技有限公司

联系人：刘　凡　联系电话：15829177666

云盖寺挂面

批准号：国家质检总局 2017 年第 1117 号公告

一、证书持有人

镇安县市场监督管理局。

二、保护范围

云盖寺挂面保护范围为商洛市镇安县云盖寺镇、月河镇、木王镇、回龙镇、庙沟镇、永乐街道办事处等 6 镇（办）所辖行政区域。

三、产品品质特征特性

云盖寺挂面，外观光滑、色泽自然、细长匀称、面条中空、细如发丝；煮熟后口感爽滑柔软，久煮不烂、不粘锅、不粘牙。

云盖寺挂面富含蛋白质、碳水化合物、膳食纤维及钙、硒等矿物元素。

其中蛋白质含量为 13g/100kg，脂肪含量为 0.7g/100kg，碳水化合物含量为 69.7g/100kg，维生素 E 含量为 1.83mg/100kg，硒含量为 11.13 μg/100kg。

四、自然生态环境和人文历史

【生态环境】云盖寺挂面生产区域位于镇安县境内，属于北凉亚热带向暖温带过渡地段，半湿润性气候。年均日照 1 947.4h，年均气温 12.2 ℃，无霜期 206 天，年降水量 800~1 000mm。由于地形复杂，气候垂直差异较大，素有“高一丈不一样，阴阳坡差的多”气候差异农谚。境内四季分明，气候温和，冬无严寒，夏无酷暑，昼夜温差大，光热资源丰富，空气质量好，无污染，适宜于小麦、玉米、大豆生长。云盖寺挂面采用保护区内强筋小麦加工的小麦粉，面筋值达到 27%~30%，挂面久煮不烂，口感筋道绵软。

【人文历史】云盖寺挂面在清末就已经久负盛名，来往的商贾争相购买，当地至今还保留着过寿老人吃长寿面、新婚夫妇吃合欢面的传统，寓意健康长寿，长长久久。清光绪三十四年（1908 年）出版的《镇安县乡土志》中植物制造部分就有对云盖寺挂面的记载：“挂面，小麦为之。”至 1941 年，云盖寺镇压面坊达 10 余家，年加工面条 3 万余斤，有水磨坊和水碾坊 20 余家，云盖寺挂面由此发展壮大。

五、收获时间

云盖寺挂面加工时间限定在每年 10 月初至翌年 4 月底。

六、推荐储藏和食用方法

【储藏方法】应在干燥、通风良好的空间内储藏，产品保质期 12 个月。

【食用方法】可做各种口味的面食，如干拌面、臊子面、酸汤面等。加上陕西特有的油泼辣子，口味更佳，一直以来都是当地百姓最喜爱的主食之一。

七、市场销售采购信息

镇安县秦绿食品有限公司

联系人：胡祥丽　联系电话：18220444368

商洛丹参

批准号：国家质检总局 2005 年第 1116 号公告

一、证书持有人

商洛市市场监督管理局。

二、保护范围

商洛丹参保护范围为商洛市商州区、洛南县、丹凤县、商南县、山阳县、镇安县、柞水县所辖行政区域。

三、产品品质特征特性

商洛丹参根外皮紫红色，分枝多而均匀，主根不明显，断面韧皮部厚约占断面的 2/3。

商洛丹参是常用中药，具有养血、活血、化瘀、止痛、生血及调节改善心脑供血等功效，能预防高血压、冠心病等疾病。商洛丹参丹酚酸 B 含量为 4.0%，丹参素含量为 1.7%，丹参酮ⅡA 含量为 0.35%，其中丹参素和丹参酮ⅡA 含量分别高出《中国药典》标准的 1~2 倍。

四、自然生态环境和人文历史

【生态环境】商洛市位于陕西东南部，地处秦岭南麓，横跨长江、黄河两大流域，属暖温带向亚热带过渡的特殊气候带，年均气温 7.8~13.9℃，年均降水量 696.8~830.1mm，年均日照时数 1 848.1~2 055.8h。这里空气清新、雨量充沛，土壤、水质无污染。空气达到国家一级标准，水质优良，土壤疏松，是众多中药材的最佳适生区，素有“天然药库”之称，也是“道地”丹参老产区。

【人文历史】商洛丹参历史悠久，始于《神农本草经》，历代本草均有记载，

即所谓“今陕西河东州及随州皆有之”，古之河东州即今商洛地区。关于商洛丹参，在民间有一个美丽的传说：相传很久以前，丹江河岸有一年轻后生叫阿明，自幼丧父，以打鱼维持母子生计。东海龙王有一女名宝珠，生得聪明伶俐、貌美如花。一日宝珠出外游玩，来到商

山脚下与阿明相遇，两人相互爱慕，产生感情，结为夫妻。东海龙王得知女儿竟与凡人结婚生子，恼羞成怒，派人放火烧死了阿明，宝珠悲愤不已，投入丹江变成了丹鱼，游走于商山脚下的丹江河畔，永远陪伴着阿明的灵魂。被烧死的阿明变成了开着紫花、长着紫红色根的药草，生长在商山和丹江河岸，丹鱼游到哪里，药草就长到哪里，相随相伴，永不分离。由于这种药草治病疗效好，治好了许多人的心痛病，人们给这种药草取名为“丹生”以纪念阿明，后来在流传过程中，取其谐音变为“丹参”。

五、收获时间

收获期为10月下旬至11月中旬。

六、推荐储藏和食用方法

【储藏方法】可在干燥、密封、避光的环境下长时间保存。

【食用方法】依据《中国药典》入药使用。

七、市场销售采购信息

陕西天士力植物药业有限责任公司

联系人：李晓莉　联系电话：0914-2320773

商洛核桃

商标注册编号：11421789

一、证书持有人

商洛市核桃产业协会。

二、注册范围

商洛核桃产地范围包含商洛市商州区、洛南县、丹凤县、商南县、山阳县、镇安县、柞水县等7个县区，地理坐标北纬33°02'30"~34°24'40"、东经108°34'20"~111°1'25"。

三、产品品质特征特性

商洛核桃核果近球形，外果皮肉质，表面灰绿色，光滑；内果皮骨质坚硬，呈棕褐色，表面布满凹凸不平的皱褶，有两条纵棱。核仁饱满，口感油香味浓，色泽白黄如玉。

商洛核桃营养非常丰富，脂肪含量为63%，蛋白质含量为27%，碳水化合物含量为10.7%，粗纤维含量为5.8%，灰分含量为1.5%。除此之外，还富含钙、磷、镁、锰、铁、铬、碘等矿物质和胡萝卜素、维生素B、维生素E、烟酸等营养元素，被誉为“营养宝库”“养人之宝”。

四、自然生态环境和人文历史

【自然环境】商洛核桃产于秦岭南麓的商洛境内，其分布之广、株数之多、产量之巨、品质之优、品种之丰富，甲于全省，冠于全国。这里群山交错，谷壑纵横，山多而不巉峻危耸，水丰而无激浪湍流。年均气温7.8~13.9℃，年均降水量696.8~830.1mm，年均日照时数1 848.1~2 055.8h，垂直高度差异较大，具有明显的山地立体气候特点。境内气候温和，四季分明，冬无严寒，夏无酷热，光照充足，雨量适中，土地肥沃，林木茂盛，亚热带与暖温带气候相兼并存，南北方植物同生共济。得天独厚的自然条件，使商洛成为久负盛名的“核桃之乡”。

【人文历史】商洛核桃，历史悠久。据《洛南县志》记载，早在1 000多年

前的汉代。就为当地百姓辛勤种植。唐代已是“果之甚者，莫如核桃”。北宋《本草衍义》中记有：“核桃风发，陕、洛之间甚多”。《直隶商州总志》也有:“商洛果之最盛者,无如核桃”的记述。可见其历史之久远。1958 年，毛泽东主席发出“商洛每户种一升核桃”的号召，大大鼓舞了商洛人民种植核桃林的勇气和信心，年年栽培，岁岁抚育，目前，商洛已成为全国有名的核桃出口生产基地，年出口 200 多万千克以上。

五、收获时间

最佳收获期为 9—10 月。

六、推荐储藏和食用方法

【储藏方法】0~2℃条件下冷藏为最佳。

【食用方法】生食、熟食、加工。

七、市场销售采购信息

1. 商洛供销电子商务公司

联系人：牛　波　联系电话：13991427838

2. 商洛兴贸农副产品购销有限公司

联系人：刘兴智　联系电话：13991463738

3. 商洛市林业科工贸有限公司

联系人：秦吉中　联系电话：13991488788

4. 洛南柏峪寺核桃种植专业合作社

联系人：陈叶青　联系电话：13359149222

柞水大红栗

商标注册编号：15169611

一、商标注册人

柞水县林特产业发展中心。

二、注册范围

柞水大红栗产地范围为陕西省商洛市柞水县乾佑街道办事处、营盘镇、下梁镇、曹坪镇、瓦房口镇、红岩寺镇、杏坪镇、凤凰镇、小岭镇。地理坐标东经 108°50′~109°410′、北纬 33°20′~34°00′。

三、产品品质特征特性

柞水大红栗俗称柞水红栗，个大色润，果粒饱满，果皮紫红色至棕红色，油质光泽度强，涩皮易剥，生食甜脆适口，熟食肉质细腻香糯。

柞水大红栗淀粉含量达65%~70%，葡萄糖含量为19%，蛋白质含量为3.92%，同时还含有丰富的维生素、钙、磷等 19 种营养元素，具有较高的营养保健价值，是栗中上品。

四、自然生态环境和人文历史

【自然环境】柞水大红栗的主产区柞水县地处秦岭南麓，属亚热带和温暖带两个气候的过渡地带，四季分明，温暖湿润，森林覆盖率达 65%，全年日照 1 860.2h，最冷平均气温 0.2℃，最热平均气温 23.6℃，无霜期 209 天，年降水量 742mm。受气候影响植物带垂直和平行分布特点明显，素有“高一丈不一样”“六月太阳晒半边”的农谚。独特的自然、地理和气候条件，赋予了陕西商标注册柞水大红栗优良的品质。

【人文历史】柞水大红栗在清代一直是贡品，据传慈禧太后第一次见到这种又大又圆，红的发亮的板栗时，爱不释手，并指着押运的官员笑着说：栗子比你的大红袍还亮。于是大红袍板栗就因此而得名，一直沿袭至今。柞水大红栗还有丰富的文化内涵，县境内男女青年

新婚之日，有一个老传统，即老人们在新娘的被角缝里塞进几颗大栗子，因为栗子与立子谐音，故取其衍宗、喜庆之意。在洞房花烛夜，新郎、新娘取出栗子甜甜蜜蜜地吃，以求吉利，盼生贵子。每当外地客人来到柞水县，好客的柞水人会用栗子炖鸡、清栗蘑炒鸡丝等特有菜肴招待客人，取栗和鸡的谐音，寓意吉利，不仅能让客人一饱口福，更能从中体会到柞水纯朴的乡风。

五、收获时间

最佳采收期为每年 9 月下旬至 10 月上旬。

六、推荐储藏和食用方法

【储藏方法】0~2℃冷藏最佳。

【食用方法】生食、熟食、加工。板栗炖土鸡是柞水一道传统名菜，风味独特，营养丰富。

七、市场销售采购信息

1. 陕西秦峰农业股份有限公司

联系人：吴礼建　联系电话：13363988883

2. 柞水野森林生态农业有限公司

联系人：庞晶苗　联系电话：15389521321

镇安大板栗

商标注册编号：8545319

一、证书持有人

镇安县板栗产业协会。

二、注册范围

镇安大板栗产地范围为镇安县回龙镇、铁厂镇、大坪镇、米粮镇、茅坪回族镇、西口回族镇、高峰镇、青铜关镇、柴坪镇、木王镇、达仁镇、月河镇、庙沟镇、云盖寺镇、永乐街道办事处等 15 个镇（办），地理坐标北纬 33°07'35"~33°42'02"、东经 108°34'16"~109°36'51"，总面积 60 万亩，年产量 6 000t。

三、产品品质特征特性

镇安大板栗，外壳呈棕褐色，色泽明亮，壳嘴有柔毛，贴果实处有涩皮易剥离。果形扁圆，大如棋子，均匀整齐。果仁乳黄色，颗粒丰满，肉质细腻，生食甜脆，熟食糯香。

镇安大板栗营养丰富，富含丰富的淀粉、可溶性糖、蛋白质、脂肪及维生素 C、粗纤维、叶酸、胡萝卜素、核黄素等微量元素，其中淀粉含量为 72.38%，糖含量为 14g/100g，与红枣、柿子并称为“三大木本粮食”。

四、自然生态环境和人文历史

【自然环境】板栗在陕南秦巴山区各县均产，但尤以镇安大板栗最为有名。主要产地镇安县属北亚热带湿润、半湿润气候区，南北气候共存，南北生物皆有，虽属长江流域，但有黄土风情，虽归西北地区，却有江南美景。年均日照 1 706.1h，年平均降水量 900mm，年平均气温 13.64℃，无霜期 206 天。由于地形复杂，气候垂直差异较大，海拔每上升 100m，温度下降 1℃，素有“山上银装素裹，山下绿树成荫”的气候农谚。境内水域属长江水系汉江支流，流域内全部为林区，森林覆盖率 68.9%。栗园多选择在海拔 600~1 200m 的山林之中，土壤为砾质壤土及砂质壤土，pH 值在 4.6~7.0，富含硒、锌等人体所需的微量元素。

【人文历史】镇安大板栗是镇安的特色产品，为中国栗北方品种中优良品种之一，栽培历史悠久，早在周代已有生长。西汉末刘向编订的《战国策》载：“北有枣、栗之利，民不作田；枣栗这食，足食于民。”清《陕西通志》载：镇安大板栗……秦为贡品。”早在明末、清初，我国古都北京、长安（今西安）以及太原、洛阳等城市的商贩就打出了“镇安糖炒大板栗”的标签。

五、收获时间

收获期为 9—10 月，最佳品质期为 9 月。

六、推荐储藏和食用方法

【储藏方法】-2~1℃避光低温储藏。

【食用方法】鲜食、熟食、加工，与鸡、鸭、排骨等禽类食材搭配煲汤，口味最佳。

七、市场销售采购信息

1. 陕西海源生态农业有限公司

联系人：陈　鹏　联系电话：13325349555

2. 陕西瑞琪药业有限公司

联系人：毛加银　联系电话：18691407353

3. 陕西合曼农业科技有限公司

联系人：彭　涛　联系电话：15394146755

4. 镇安县伊品秦山电子商务有限责任公司

联系人：袁　方　联系电话：18691436116

5. 陕西镇安华兴特色农产品开发有限公司

联系人：徐永娥　联系电话：15829570185

第四章 绿色食品

◎商洛

◎山以厚德而载物

◎水以灵秀而赋性

◎城因沧桑而巨变

◎地以文脉而传承

秦鼎红茶

信息码：GF611022181156

一、生产商

丹凤秦鼎茶业有限公司。

二、产品介绍

秦鼎红茶条索紧实匀整，尚净有筋梗，叶底柔嫩，颜色乌褐，汤色红亮，香气浓郁持久，口感鲜醇爽口。

秦鼎红茶生长于秦岭南坡的丹江流域，为南水北调中线水源涵养地，常年云雾缭绕，受昼夜温差大的影响，茶叶生长期长，营养成分丰富，水浸出物含量为32.4%，茶多酚含量为8.4g/100g，游离氨基酸含量为4.76g/100g，维生素C含量437.97mg/g。

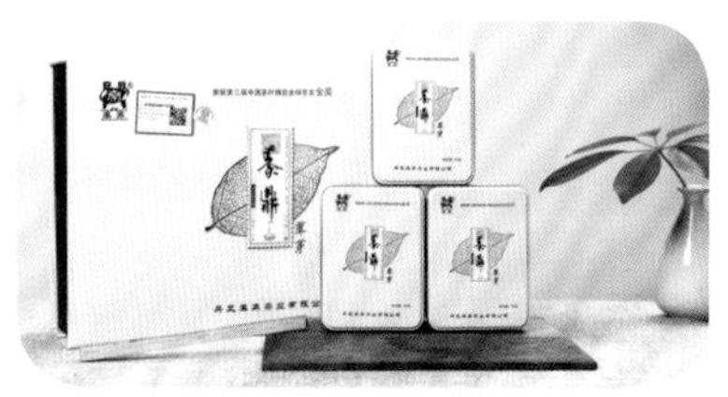

三、公司简介

丹凤秦鼎茶业有限公司位于商洛市丹凤县武关镇毛坪村，成立于2012年11月，注册资本600万元，2015年公司在上海托管股权交易中心挂牌上市，机构代码204923。目前主要生产“秦鼎红茶”和“丹凤泉茗”绿茶两个系列产品。2014年、2015年连续两年获全国茶博会“极具发展潜力品牌”称号；2015年获得中国茶叶学会“中茶杯”全国名优茶评比一等奖；2016年荣获第四届“国饮杯”全国茶叶评比一等奖；2017年荣获第十二届“中茶杯”全国名优茶评比一等奖；2018年5月秦鼎红茶和丹凤泉茗获得绿色食品标志许可。

四、收获时间

收获期为3—8月采收，共采收两次。最佳品质期为3—5月。

五、推荐储藏和食用方法

【储藏方法】于通风、干燥、避光、防潮环境下，用专用的茶叶罐或茶袋储藏。

【食用方法】即冲即饮，冲泡用水建议为天然的泉水，最佳冲泡饮用温度为85℃左右。

六、市场销售采购信息

联系人：刘松杨　联系电话：13619148311

熟制板栗仁

信息码：GF611002150158

一、生产商

陕西君威农贸综合有限责任公司。

二、产品介绍

熟制板栗仁大小均匀，颗粒完整，外表呈黄褐色或褐色。栗仁营养丰富，口味香糯软绵。淀粉含量为72.38%、糖含量为4.7%。具有止痛、止血的功效。

三、公司简介

陕西君威农贸综合有限责任公司是集种植、收储、加工、营销、冷链、物流为一体的全产业链模式的国家林业重点龙头企业、陕西省农业产业化龙头企业。公司始建于2010年，注册资本800万元，占地面积7万 m^2，现拥有板栗种植基地30万余亩，已建成10 000 m^2 的加工车间，10 000 m^3 的冷库，3 500 m^2 的电商发货平台，深加工生产线10条，取得了12个单元的生产许可证，生产各类板栗产品百余种。

四、收获时间

板栗收获期为9月下旬，采收后即加工成板栗仁。

五、推荐储藏和食用方法

【储藏方法】熟制板栗仁推荐冰箱冷藏保鲜，最佳储存温度0~2℃，保质期为12个月。

【食用方法】开袋即食。

六、市场销售采购信息

联系人：王　乐　联系电话：13991562380

野森林牌柞水木耳

信息码：GF611026205389

一、生产商

柞水野森林生态农业有限公司。

二、产品介绍

野森林牌柞水木耳，耳面色泽黑褐，质地呈胶质透明，耳瓣舒展，体质轻，干燥时收缩变为脆硬的角质近似革质。浸泡品尝清淡无味，肉厚质软，鲜美脆滑。

野森林牌柞水木耳蛋白质含量为12.8%、总糖含量为42.9%、粗纤维含量为3.2%、多糖含量为9.18%、总氨基酸含量为10.7%。

三、公司简介

柞水野森林生态农业有限公司是陕西野森林食品有限公司属下企业之一，2016年作为商洛招商引资项目正式落户柞水县，注册资本3 000万元。木耳基地选择在空气清新、水质纯净、土壤未受污染，具有良好农业生态环境的下梁镇西川村。现已建成黑木耳生产基地300亩，黑木耳菌包生产车间1.2万m^2，年生产黑木耳达300万袋、年产量150t、产值750万元。2019年在西川村五组建成香菇生产基地150亩、香菇大棚50个，年生产香菇菌包150万袋，干香菇年产量达到135t。2020年获得绿色食品标志许可。

四、收获时间

最佳收获期为4月下旬至7月中旬，共采收5茬。

五、推荐储藏和食用方法

【储藏方法】置于通风、透气、干燥、阴凉、避光、清洁的地方储藏；远离气味较重的食物，防止串味；存放时间不宜超过24个月。

【食用方法】热炒、凉拌、煲汤，可搭配各类食材烹饪。

六、市场销售采购信息

联系人：庞晶淼　联系电话：13484852521

商洛蓝香菇、木耳

信息码：GF611002202383

一、生产商

商洛盛泽农林科技发展有限公司。

二、产品介绍

商洛蓝香菇主要以栎、栗树木材为培育原料，香菇滑润芳香、筋道爽口，营养丰富，富含钙、铁、磷等人体所需的矿物质和多种维生素。其中，每100g干品含蛋白质13g、脂肪1.8g、碳水化合物45g、粗纤维7.8g。

商洛蓝木耳主要以栎树为培育原料，木耳柔软、肉厚、口感光滑、颜色深亮，富含蛋白质、脂肪、糖类和多种维生素、矿物质。蛋白质含量是牛奶的6倍，铁含量为185mg/100g干品，是天然补血佳品，被营养学家誉为“素中之荤”和“素中之王”。

三、公司简介

商洛盛泽农林科技发展有限公司是一家集食用菌生产、菌种培育，农特产品加工销售为一体的综合性民营企业。公司成立于2015年10月，注册资本2 000万元，固定从业人员50人。食用菌基地建在商洛市商州区杨斜镇林华村，目前拥有香菇、木耳种植大棚13 828m^2，拥有生产包装加工厂、食用菌菌种厂、食用菌采摘体验园、养菌室、冷库及生活办公用房7 541m^2。公司生产的商洛蓝牌香菇、木耳往商洛、安康、汉中、宝鸡、铜川多地热销，年销售额260万元。2020年被纳入全国名特优新农产品名录，同时获得有机产品、绿色食品标志许可。

四、收获时间

香菇冬、夏两季采收，冬菇 10 月至翌年 4 月采 5 次；夏菇 6—10 月采 4 次。

木耳春、秋两季采收，春耳 5—7 月，秋耳 9—11 月，共采收 3 次。

五、推荐储藏和食用方法

【储藏方法】鲜香菇冷藏保鲜；干香菇和木耳于干燥、避光环境下密封保存。

【食用方法】炒菜、凉拌、煲汤、加工，可搭配各类食材。

六、市场销售采购信息

联系人：贾小卫　联系电话：13992458628

双山茶叶

信息码：GF611023212074

一、生产商

陕西省商南县茶叶联营公司。

二、产品介绍

双山绿茶以茶树新梢的芽、叶、嫩茎为原料，经杀青、揉捻、干燥、整形、归类、包装等工艺精制而成，具有外形紧细、色泽绿润、滋味醇浓、回味甘甜、香高持久、汤色黄绿明亮、耐冲泡的品质特点。双山红茶以一芽一叶鲜叶为原料，经萎凋、揉捻、发酵、干燥等典型工艺过程精制而成。干茶紧秀油润，香气细腻醇正；汤色清澈鲜活，滋味甘甜鲜爽。

双山茶叶耐冲泡，营养价值高，茶黄素、茶红素、茶多酚、水浸出物、水溶性灰分较同类产品参照值高，具有很好的保健功效。水浸出物含量为43.6g/100g，总灰分含量为4.8g/100g，氨基酸含量为4.9g/100g，茶多酚含量为16.4%。

三、公司简介

陕西省商南县茶叶联营公司成立于1985年，注册资本500万元，是商洛市成立最早、规模最大的茶叶公司。目前公司已发展成为集茶叶种植、生产加工、销售和茶文化传播于一体的综合性茶企，总资产3 200万元，占地面积5 218.7m^2。公司现有初、精制清洁化加工厂2 000m^{2}并引进了名优茶、红茶等清洁化生产线，新建基础设施齐全、环境优美的无性系良种生态茶园3 000亩、现代化茶楼1座、静雅的自助品茶室2座。经过30多年的诚信经营和开拓创新，公司先后荣获陕西省文明示范单位、陕西省农业产业化重点龙头企业、农业部技术推广先进单位、陕西省名牌产品、陕西省著名商标等荣誉。2021年双山绿茶、

双山红茶分别获得绿色食品标志许可。

四、收获时间

最佳收获期为 3 月底至 5 月初。

五、推荐储藏和食用方法

【储藏方法】双山绿茶 5℃下冰箱冷藏；双山红茶放于干燥、通风、避光处，可保存两年。

【食用方法】 80~90℃开水冲泡饮用，山泉水为最佳，冲泡一般以 2~3 次为宜。

六、市场销售采购信息

联系人：陈洪涛　联系电话：13909142728

万家食客甘栗仁

信息码：GF611002150158

一、生产商

陕西合曼农业科技有限公司。

二、产品介绍

万家食客甘栗仁大小均匀，颗粒完整，外表呈黄褐色或褐色。栗仁营养丰富，口味香糯软绵，富含淀粉、糖等营养成分。

三、公司简介

陕西合曼农业科技有限公司是集种植、收储、加工、营销、冷链、物流为一体的全产业链模式的陕西林业重点龙头企业、商洛市农业产业化龙头企业。公司位于陕西省商洛市镇安县午峪工业集中区，2017 年成立，注册资本 6 000 万元，占地面积 2.4 万 m^2，现拥有板栗种植基地 5000 余亩，已建成 3 000m^2 的加工车间 3 个、5 000m^3 的冷库 1 座、1 000m^2 的电商发货平台、深加工生产线 6 条，取得了 6 个单元的生产许可证，生产各类板栗、坚果、果蔬脆片等 3 大类 40 余种产品，2020 年获得绿色食品标志许可。

四、收获时间

板栗收获期为 9 月下旬，采收后即加工成板栗仁。

五、推荐储藏和食用方法

【储藏方法】甘栗仁推荐冰箱冷藏保鲜，最佳储藏温度 0~2℃，保质期为 12 个月。

【食用方法】开袋即食。

六、市场销售采购信息

联系人：卢　沪　联系电话：15353903123

秋蕾柞水木耳

信息码：GF611026212002

一、生产商

陕西秦峰农业股份有限责任公司。

二、产品介绍

秋蕾柞水木耳质软肉厚，背面有细微茸毛呈灰褐色，正面黑色有光泽，口感嫩香糯。蛋白质含量为 11%，总糖含量为 39%，粗纤维含量为 3.5%，多糖含量为 7.8%，总氨基酸含量为 9.8%，上述指标优于同类产品参考值。

三、公司简介

陕西秦峰农业股份有限公司成立于 2014 年 4 月，是一家集木耳种植、加工、销售为一体的生态农业有限公司。木耳基地位于柞水县下梁镇西川村现代农业园区，这里山低坡缓，河谷坦舒，风光旖旎，遍山柞木成林，是优质天然木耳的重要产地。木耳基地占地面积 350 亩，目前建有木耳小镇主题公园 1 个、木耳生产大棚 83 个，年生产木耳 400 万袋，年产干木耳 200t，分拣包装木耳产品 500t，年产值达 1 000 万元。公司生产的“秋雷”牌柞水木耳先后两次获得农博会“后稷奖”，2020 年获得绿色食品标志许可。

四、收获时间

每年春、秋两季采收，春木耳 4 月下旬至 7 月中旬采收，秋木耳 10—11 月采收，共采收 5 次。

五、推荐储藏和食用方法

【储藏方法】密封保存在干燥、防潮、通风的环境下。

【食用方法】凉拌、生炒、煲汤，可与各类食物搭配。

六、市场销售采购信息

联系人：徐　婷　联系电话：18209149678

沁慧源香菇、黑木耳

信息码：GF611024211038

一、生产商

陕西诚惠生态农业有限公司。

二、产品介绍

沁慧源香菇，菌盖丰满肥厚，呈浅褐色或栗色，部分上布菊花状白色裂纹。菌褶淡黄色、细密匀整。菌柄短小，呈淡白色。菌肉厚而紧实，闻之淡香。食之滑嫩、细腻鲜美，嫩滑筋道。蛋白质含量为25.3g/100g，粗纤维含量为6.70%，脂肪含量为3.2g/100g，总维生素E含量为5.26mg/100g。

沁慧源牌黑木耳，耳片完整，耳瓣舒展、较薄。耳正面平滑，稍有脉状皱纹，黏而富弹性。干后紫褐色至暗青灰色，背面外沿呈弧形，疏生短茸毛。蛋白质含量为12.7%，总糖含量为50.4%，粗纤维含量为3.9%，脂肪含量为0.5%。

三、公司简介

陕西诚惠生态农业有限公司成立于2015年3月，注册资本3 000万元，是集食用菌种植、加工和销售为一体的现代化农业企业，2019年成为商洛市农业产业化经营市级重点龙头企业。食用菌基地位于山阳县板岩镇安门口村，占地面积180亩，配套建设有产品研发中心、种植试验基地、休闲食品加工区、食用农产品加工区、保鲜库、互联网+产品展厅及生活办公区等，建筑面积4 000m^2。拥有年生产300万袋的袋料香菇生产线2条、年产1 000万瓶香菇酱生产线1条、年储藏100t冷库1座。目前生产的产品有香菇、黑木耳、香菇酱、锅巴等系列产品。自主培育的品牌有酱大人、沁慧源、菇大妈、秦恩、高妈双寨等共计5个品牌、7个类目。2021年获得绿色食品标志许可。

四、收获时间

香菇于农历十月至翌年农历四月采收；黑木耳于3—6月、9—12月两季采收。

五、推荐储藏和食用方法

【储藏方法】鲜香菇适宜冷藏保鲜，最佳温度 4~5℃，保质期 7~10 天。干香菇密封放置于常温条件下即可，保质期 1 年左右。黑木耳用塑料袋密封，放置于通风、避光的地方。

【食用方法】可与各类食材搭配烹饪。

六、市场销售采购信息

联系人：李泽宁　联系电话：15114875879

天竺源茶叶

信息码：GF611024212240

一、生产商

山阳县天竺源茶业有限公司。

二、产品介绍

天竺源绿茶，芽叶匀整，色泽如碧玉，冲后汤色清澈明亮，香高持久，滋味醇厚，回甘生津。茶多酚含量为21.5%，水浸出物含量为40.7g/100g，锌含量为53.4mg/kg。

天竺源红茶，条索紧细，色泽红润，冲后汤色红艳明亮，馥郁持久，滋味甘鲜醇厚。水浸出物含量为39.2g/100g，茶多酚含量为8.4%，游离氨基酸含量为4.76%。

三、公司简介

山阳县天竺源茶业有限公司成立于2014年10月，位于山阳县城关镇迎宾大道58号，注册资本3 000万元，是一家集茶叶生产、销售、研发及茶文化传播为一体的茶叶企业。目前，拥有茶园1209亩，基地位于天竺山国家森林公园景区内，福银高速穿境而过，区位优势明显。现建有清洁化茶叶加工厂一座，占地面积32亩，引进青茶、半发酵茶两条生产线，振动集叶装置、理条、整形、干燥机械，智能化扁茶制茶机一应俱全，摊晾、分拣、温控、扁茶、制茶分区合理。公司现已推出大师作、印象派、中国风、小清新等四大系列茶产品，年生产绿茶20t，红茶5t，年销售2 000万余元。2021年，天竺源绿茶、天竺源红茶分别获得绿色食品标注许可。

四、收获时间

天竺源茶叶收获时间为清明前后，采收后即加工成绿茶和红茶。

五、推荐储藏和食用方法

【储藏方法】冰箱冷藏保鲜，最佳储存温度 0~2℃，保质期为 18 个月。

六、市场销售采购信息

联系人：陈　涛　联系电话：15029230173

星社员柞水香菇

信息码：GF611026212001

一、生产商

柞水县新社员生态农业有限责任公司。

二、产品介绍

星社员柞水香菇，菇形圆正，柄短叶厚，转色略浅，浸泡品尝清淡无味，肉厚质软，鲜美软滑。

星社员牌柞水香菇，营养丰富全面，粗蛋白质含量为 19.1%、粗纤维含量为 3.6%、粗多糖含量为 12%、总氨基酸含量为 9.7%，上述指标均优于同类产品参照值。

三、公司简介

柞水县新社员生态农业有限责任公司位于柞水县西川现代休闲农业示范园区的下梁镇老庵寺村，距园区核心区 1km，公司占地面积 90 亩，总投资 1 000 万元，建设香菇生产基地 85 亩，年生产香菇 100 万袋、干香菇 90t，产值 540 万元。企业还建设农产品物流中心和销售中心。公司生产的星社员牌柞水香菇于 2021 年获得绿色食品标志许可。基地所在的老庵寺村境内有著名的老庵寺乡村振兴网红打卡景点、李玉院士工作站、食用菌研究发展中心和木耳小镇。地理环境气候温和，雨量充沛，水、电、路、信、交通等基础设施条件非常优越，是发展香菇等食用菌产业的生态优势区，也是绿色食品生产的重要基地。

四、收获时间

收获期为 10 月至翌年 5 月初，共采收 5~7 茬。

五、推荐储藏和食用方法

【储藏方法】鲜香菇在 1~4℃下冷藏储存；干香菇存放在通风、洁净，阴凉的空间内。

【食用方法】可搭配各种食材烹饪，更是火锅的最佳食材。

六、市场销售采购信息

联系人：郭小健　联系电话：13399148880

盛大红仁核桃

信息码：GF611021212006

一、生产商

商洛盛大实业股份有限公司。

二、产品介绍

盛大红仁核桃个大、皮薄、仁饱，表皮黄色，果仁被红色薄种皮包裹，其上有明显脉络。盛大红仁核桃中脂肪、蛋白、碳水化合物、铁、钙等含量均高于同类核桃产品。

三、公司简介

商洛盛大实业股份有限公司位于陕西省商洛市洛南县景村镇，主要经营核桃、核桃仁、核桃壳、橡籽仁的生产、加工及销售。现有员工 40 余人，固定资产 4 350 万元，是省级林业产业龙头企业、省级民营科技型企业、“引进外国智力示范基地”。2015 年公司在国内首次从美国引进了红仁核桃特色品种，经过多年繁育示范推广，目前已建成标准化红仁引种示范基地 1 600 多亩，繁育嫁接苗 60 多万株，年生产总值 260 万元，2021 年盛大红仁核桃获得绿色食品标志许可。

四、收获时间

收获期为 9 月下旬至 10 月中旬。

五、推荐储藏和食用方法

【储藏方法】0~2℃冷藏可保存 2 年左右，常温储藏可保存 1 年。

【食用方法】盛大红仁核桃可鲜食、加工，也可与各类食物搭配食用，在收获季节不经干燥取得的鲜核桃仁口感更好。

六、市场销售采购信息

联系人：吕晓莉　联系电话：18992483333

商山晟菌黑木耳

信息码：GF611002213109

一、生产商

商洛市丰鑫生态农业有限公司。

二、产品介绍

商山晟菌黑木耳正面黑褐色，背面灰色，耳片完整均匀，耳瓣自然卷曲，平均直径2.2cm，耳片厚约1mm，具有片大肉厚、鲜而不腐的特点。粗蛋白质含量为12.2%，总糖含量为54.1%，粗纤维含量为3.6%，粗脂肪含量为0.5%。

三、公司简介

商洛市丰鑫生态农业有限公司位于商州区麻街镇齐塬村，是一家集食用菌生产、加工、销售及食用菌菌种技术研发、生产、加工、销售为一体的智能型工厂化现代农业企业。公司始建于2014年，注册资本200万元，占地面积13万m^2，其中镀锌钢管出耳大棚300座28 000m^2、办公楼600m^2、加工车间2 000m^2、包装车间500m^2、冷库1 000m^3、智能养菌室1 600m^2。拥有拌料、装袋智能化生产线1套、液体自动接种线2条、液体菌生物培养发酵罐1套、生物培养箱等仪器设备50多台（件、套），打机井6眼，配套喷淋系统18 000m。现有员工13人，其中技术人员7人。年生产黑木耳，白玉木耳等食用菌产品260万袋，年产量150t，年生产总值1 350万元。

四、收获时间

商山晟菌黑木耳收获期分为春秋两季，春耳3—5月采收，秋耳9—11月采收。

五、推荐储藏和食用方法

【储藏方法】避光常温保存，保质期为24个月。

【食用方法】可烹饪各种美食，如炒菜、焖煮、凉拌等。木耳炒肉是人们喜食的名菜，肥而不腻，增进消化功能。

六、市场销售采购信息

联系人：杨海峰　联系电话：13038510932

富泉茶叶

信息码：GF611023212074

一、生产商

商南县富泉地产品开发专业合作社。

二、产品介绍

富泉绿茶外形细索匀整，紧结卷曲，叶片细嫩，色泽碧绿；冲泡后，香气浓郁持久，汤色嫩绿清澈，滋味鲜醇回甘，叶底柔软明亮。富泉红茶干茶紧秀油润，汤色红浓明亮，入口细腻醇香、柔滑不涩，香气回味于唇齿之间，历久不散。

富泉茶叶生长在平均海拔 700m 的高山上，在独特的自然环境影响下，具有茶底好、耐冲泡、营养成分高的特点，其水浸出物含量为 44.7g/100g，氨基酸含量为 4.9g/100g，茶多酚含量为 16.4%。

三、公司简介

商南县富泉地产品开发专业合作社，成立于 2009 年 2 月 25 日，注册资本 21 万元，位于陕西省商洛市商南县城关镇五里牌村，是集茶叶种植、加工、销售于一体的新型农民经济合作组织。合作社在试马镇百鸡村拥有茶叶种植基地两处，总面积 1 000 亩。目前，已建成标准化茶叶加工车间 1 500m^2，加工厂设备完善，生产标准及自动化程度较高。合作社生产的绿茶、红茶两个系列产品远销省外，广受消费者好评。2021 年，富泉绿茶获得商洛市首届斗茶大赛金奖，富泉绿茶、富泉红茶同时获得绿色食品标志许可。

四、收获时间

最佳收获期为 3 月底至 5 月初。

五、推荐储藏和食用方法

【储藏方法】绿茶 3~5℃下冷藏保鲜；红茶于干燥、通风、避光处储存。

【食用方法】即冲即饮，80℃水温最佳。

六、市场销售采购信息

联系人：陈永前　联系电话：18091415779